D1670490

Fraunhofer-Institut für
Werkstoff- und Strahltechnik IWS

Verbesserung der Belastbarkeit von Haut-Haut-Schweißverbindungen für metallische Integralrumpf-Strukturen

von Dirk Dittrich

FRAUNHOFER VERLAG

Kontaktadresse:
Fraunhofer-Institut für
Werkstoff- und Strahltechnik IWS
Winterbergstraße 28
01277 Dresden
Telefon 0351 83391-0
Fax 0351 83391-3300
www.iws.fraunhofer.de

Bibliografische Information der Deutschen Nationalbibliothek
Die Deutsche Nationalbibliothek verzeichnet diese Publikation in der Deutschen Nationalbibliografie; detaillierte bibliografische Daten sind im Internet über http://dnb.d-nb.de abrufbar.
ISBN: 978-3-8396-0375-8

D 14

Zugl.: Dresden, TU, Diss., 2011

Druck: Mediendienstleistungen des
Fraunhofer-Informationszentrum Raum und Bau IRB, Stuttgart

Für den Druck des Buches wurde chlor- und säurefreies Papier verwendet.

Fraunhofer-Informationszentrum Raum und Bau IRB
Postfach 80 04 69, 70504 Stuttgart
Nobelstraße 12, 70569 Stuttgart
Telefon 0711 970-2500
Telefax 0711 970-2508
E-Mail verlag@fraunhofer.de
URL http://verlag.fraunhofer.de

Dirk Dittrich

„Verbesserung der Belastbarkeit von Haut-Haut-Schweißverbindungen für metallische Integralrumpf-Strukturen“

Verbesserung der Belastbarkeit von Haut-Haut-Schweißverbindungen für metallische Integralrumpf-Strukturen

Der Fakultät Maschinenwesen

der

Technischen Universität Dresden

zur

Erlangung des akademischen Grades

Doktoringenieur (Dr.-Ing.)

vorgelegte Dissertation

Dipl.-Ing. Dirk Dittrich
geboren am 01.02.1977 in Karl-Marx Stadt

Tag der Einreichung: 15.03.2011
Tag der Verteidigung: 01.12.2011

Gutachter:
Prof. Dr.-Ing. habil. Eckhard Beyer (IOF, TU Dresden)
Prof. Dr.-Ing. Peter Horst (IFL, TU Braunschweig)

Erklärung

Hiermit erkläre ich, dass ich die vorliegende Arbeit ohne unzulässige Hilfe Dritter und ohne die Benutzung anderer als der angegebenen Hilfsmittel angefertigt habe. Die aus fremden Quellen direkt oder indirekt übernommenen Gedanken sind als solche kenntlich gemacht worden.

Bei der Auswahl und Auswertung des Materials sowie bei der Herstellung des Manuskripts habe ich Unterstützung von folgenden Personen erhalten:

1. Herr Prof. Dr. rer. nat. B. Brenner

2. Herr Dr. rer. nat. B. Winderlich

3. Herr Dr. rer. nat. G. Kirchhoff

Weitere Personen waren an der geistigen Herstellung der vorliegenden Arbeit nicht beteiligt. Insbesondere habe ich nicht die Hilfe eines kommerziellen Promotionsberaters in Anspruch genommen. Dritte haben von mir keine geldwerten Leistungen erhalten, die im Zusammenhang mit dem Inhalt der vorliegenden Dissertation stehen.

Die Arbeit ist bisher weder im Inland noch im Ausland in gleicher oder ähnlicher Form einer anderen Prüfungsbehörde vorgelegt und auch noch nicht veröffentlicht worden.

Ich erkenne die Promotionsordnung der Technischen Universität Dresden, Fakultät Maschinenwesen an.

Dirk Dittrich　　　　　　　　Dresden, den 15. März 2011

Danksagung

Die vorliegende Arbeit entstand während meiner Tätigkeit als wissenschaftlicher Mitarbeiter am Fraunhofer Institut für Werkstoff- und Strahltechnik Dresden, Abteilung Füge- und Randschichttechnologien.

Prof. Dr. rer. nat. B. Brenner danke ich für die Möglichkeit der Durchführung meiner Arbeit und die wertvollen Diskussionen sowie für die hilfreichen Anregungen bei der Arbeit.

Prof. Dr.-Ing. habil. E. Beyer danke ich für die Betreuung und die Durchsicht dieser Arbeit sowie für die Übernahme des ersten Gutachtens. Mein weiterer Dank gilt Prof. Dr.-Ing. P. Horst für die freundliche Übernahme des zweiten Gutachtens. Darüber hinaus danke ich Prof. P. Hübner für die Durchsicht der Arbeit.

Dr. rer. nat. B. Winderlich danke ich für die vielen fachlichen Diskussionen, die mein Verständnis für die wissenschaftliche Auswertung komplexer Zusammenhänge deutlich bereichert haben und die kritische Durchsicht des Manuskripts. Mein besonderer Dank gilt Dr. rer. nat. Kirchhoff für die Unterstützung und Anleitung bei den umfangreichen Experimenten, Ch. Klemt für die Durchführung zahlreicher Rissausbreitungsversuche. Mein weiterer Dank gilt Dipl.-Ing. J. Liebscher für die Unterstützung und Durchführung bei den Schweißversuchen.

Weiterhin danke ich Dr.-Ing. J. Hackius und Dr.-Ing. S. Werner für die Möglichkeit der Durchführung der Arbeit im Rahmen einer Industrie-Patenschaft mit Airbus innerhalb des Luftfahrtforschungsprojekts „Innovativer Metallrumpf" (IMER) und „Metall-Rumpf neuer Generation" (MERGE) sowie für die fachliche Unterstützung.

Darüber hinaus bedanke ich mich bei allen Mitarbeitern des Fraunhofer-Instituts für Werkstoff- und Strahltechnik IWS und der Materialforschung und Anwendungstechnik GmbH IMA in Dresden, die diese Arbeit in jeglicher Weise unterstützt haben, stellvertretend seien hier Herr Dr.-Ing. J. Standfuß und Herr Prof. Dr.-Ing. habil. R. Franke und Dipl.-Ing. M. Lieback genannt.

Meiner Familie möchte ich für die Unterstützung und das Verständnis während der Durchführung der Arbeit danken.

Dirk Dittrich — Dresden, den 15. März 2011

Inhaltsverzeichnis

Symbolverzeichnis

Zeichen	Einheit	Bedeutung
A	mm	Auslenkung der Schweißnaht
A_{Bruch}	%	Bruchdehnung
A_{50}	%	Bruchdehnung bezogen auf 50 mm Messlänge
a	mm	halbe Risslänge
a_c	mm	kritische halbe Risslänge
a_{cGW}	mm	kritische halbe Risslänge des Grundwerkstoffs
a_{Start}	mm	halbe Startrisslänge
α	/	Winkel zwischen Schweißnaht und Belastungsrichtung
α_K	/	elastische Kerbformzahl
α_T	$Wm^{-1}K^{-1}$	Wärmeleitfähigkeit
B	mm	Kopfbreite einer Zug- beziehungsweise Ermüdungsprobe
BLR	/	Belastungsrichtung
B_M	mm	Probenbreite
BS	/	Beulstütze
β_K	/	Kerbwirkungszahl
C	/	Vorfaktor in der Paris-Erdogan-Gleichung
D	mm	Probendicke
da/dN	mm/Zyklus	Rissfortschrittsgeschwindigkeit
d_f	µm	Strahldurchmesser im Fokus des Laserstrahls
D_F	µm	Durchmesser der Faser eines Lichtleitkabels
E_s	W/cm	Streckenenergie
ε	%	Dehnung
F	kN	Kraft
f	/	dimensionslose Korrekturfunktion für die Ermittlung des Spannungsintensitätsfaktors
f_B	mm	Brennweite der Fokussierlinse in der Schweißoptik
f_c	mm	Brennweite der Kollimation in der Schweißoptik
FSW	/	Rührreibschweißen
GW	/	Grundwerkstoff
H	mm	Einspannlänge einer Zug- beziehungsweise Ermüdungsprobe
H_D	mm	Hautblechdicke
HV	/	Mikrohärte nach Vickers
K	MPa $m^{1/2}$	Spannungsintensitätsfaktor
K_c	MPa $m^{1/2}$	kritischer Spannungsintensitätsfaktor
K_{cGW}	MPa $m^{1/2}$	kritischer Spannungsintensitätsfaktor des Grundwerkstoffs
K_{cFZ}	MPa $m^{1/2}$	kritischer Spannungsintensitätsfaktor des Schweißgutes
KG_{hoch}	µm	Korngröße über die Blechdicke
K_{max}	MPa $m^{1/2}$	Spannungsintensitätsfaktor bei Oberspannung
K_{min}	MPa $m^{1/2}$	Spannungsintensitätsfaktor bei Unterspannung
KG_{quer}	µm	Korngröße quer zur Walzrichtung
K_{ref}	MPa $m^{1/2}$	Spannungsintensitätsfaktor berechnet für den dünnsten Prüfquerschnitt
K_0	MPa $m^{1/2}$	unterer Schwellenwert des zyklischen Spannungsintensitätsfaktors
K_I	MPa $m^{1/2}$	Spannungsintensitätsfaktor bei Rissöffnungsmode I
K_{II}	MPa $m^{1/2}$	Spannungsintensitätsfaktor bei Rissöffnungsmode II
K_{III}	MPa $m^{1/2}$	Spannungsintensitätsfaktor bei Rissöffnungsmode III
LBW	/	Laserstrahlschweißen
$L_{max(1)}$	mm	einbeschreibbare Geradenlänge Sinus-Schweißnahtverlauf mit λ_{SIN}=80 mm
$L_{max(2)}$	mm	einbeschreibbare Geradenlänge Sinus-Schweißnahtverlauf mit λ_{SIN}=380 mm
L_m	mm	Messlänge
L_t	mm	Probengesamtlänge
l	mm	Länge
λ	mm	Wellenlänge
λ_{SIN}	mm	Wellenlänge der Schweißnaht mit Sinuskontur
M	/	Mismatchfaktor
m	/	Exponent in der Paris-Erdogan-Gleichung
N	/	Schwingspielzahl
N_B	/	Bruchschwingspielzahl
η_K	/	Kerbempfindlichkeit
π	/	Kreiszahl
p	mm	kürzester Abstand zwischen Rissspitze und Probenrand der Probengeometrie zur Ermittlung der Restfestigkeit
P_L	W	Laserleistung
PGK I	mm	Porengrößenklasse I
PGK II	mm	Porengrößenklasse II
PGK III	mm	Porengrößenklasse III
R	/	Spannungsverhältnis zwischen Unter- und Oberspannung

R_m	MPa	Zugfestigkeit
$R_{p0,2}$	MPa	0,2%-Dehngrenze
R_t	mm	Radius der Taillierung von Zugstäben beziehungsweise Ermüdungsproben
r_{Kerbe}	mm	Kerbradius einer Ermüdungskerbe
2r	mm	Größe der plastischen Zone an der Rissspitze
SG	/	Schweißgut
S_{GSD}	mm	Gesamtdicke im Sockelbereich
SGA	/	Schweißgutanteil
S_{HB}	mm	halbe Sockelbreite
S_{HD}	mm	Hautblechdicke
SN	/	Schweißnaht
S_{SD}	mm	Dicke des Sockels
SV	/	Schweißverbindung
s	mm	Weg
s_f	/	Sicherheitsfaktor
$\Delta\sigma$	MPa	Differenz aus maximaler und minimaler Spannung der Schwingbreite
σ_{max}	MPa	Maximalspannung
σ_{min}	MPa	Minimalspannung
$\sigma_{N.10^5}$	/	Schwingfestigkeit bei 10^5 Schwingspielen
σ_o	MPa	Oberspannung
σ_{RF}	MPa	bauteilbezogene Restfestigkeit
$T_{liquidus}$	°C	Schmelztemperatur
$T_{solidus}$	°C	Erstarrungstemperatur
τ	MPa	Schubspannung
τ_S	MPa	Scherfestigkeit
W	mm	halbe Probenbreite einer Mittenrissprobe (CCT-Pobe)
WEZ	/	Wärmeeinflusszone einer Schweißnaht
W_{SB}	mm	halbe Breite des Schweißgutes
WR	/	Walzrichtung
W_{WEZ}	mm	Breite der Wärmeeinflusszone (einseitig)

1 Einleitung und Motivation

Mobilität als Grundvoraussetzung einer globalisierten Welt führt branchenübergreifend zu größten Anstrengungen, den Transport von Warenströmen und die Personenbeförderung so effizient wie möglich zu gestalten. Vor dem Hintergrund der Klimaerwärmung und knapper werdender fossiler Brennstoffe sowie immer neuer Höchstpreise am Energierohstoffmarkt steht die Reduzierung des Treibstoffverbrauchs im Fokus der Weiter- und Neuentwicklung von Verkehrsmitteln. Dies betrifft den Individual- und den öffentlichen Nah- und Fernverkehr. Insbesondere bei nationalen und weltweiten Verbindungen steht die Luftfahrtindustrie als Technologieträger im Mittelpunkt der Umweltdiskussion. Der Grund liegt in dem bei der Verbrennung von Kerosin entstehenden schädlichen Kohlendioxid, das in Bereiche der Atmosphäre eingetragen wird, die für die Erhaltung des Lebens auf der Erde von großer Bedeutung sind, siehe zum Beispiel [1]. Der europäische Luft- und Raumfahrtkonzern EADS stellt sich diesen Herausforderungen und nimmt in der Entwicklung und dem Einsatz umweltfreundlicher Technologien eine Vorreiterrolle ein.

Der ökonomische Lebenszyklus eines Flugzeuges gliedert sich in die Kosten für Herstellungs- und Verarbeitungsprozesse sowie die ökologische und betriebswirtschaftliche Bilanz, die insbesondere für Betreibergesellschaften wichtig ist. Jedes eingesparte Kilogramm am Gesamtgewicht sowie jede Verkürzung der Produktionskette verbessert übergreifend die Effizienz des Flugzeugs. Am Ende des Lebenszyklus steht die Frage des Recyclings, die bei den prognostizierten Absatzzahlen für neue Flugzeuge in den nächsten Jahrzehnten von großem Interesse sein wird. Die dann anfallenden Materialmengen sind nicht unerheblich. Sie stellen im Falle der metallischen Werkstoffe einen Rohstoff dar, der energetisch vorteilhaft erneut in den Materialkreislauf eingebracht werden kann. Die Wiederverwendung von Metallen im Flugzeugbau, insbesondere Aluminium, trägt somit zur Schonung von Ressourcen bei.

Erstmals seit der Einführung metallischer Rumpfstrukturen stellen Bauweisen aus faserverstärktem Kunststoff bisherige Konstruktions- und Werkstoffkonzepte in Frage. Derzeit konkurrieren sowohl die metallische als auch die kunststoffbasierte Bauweise um die maximale Gewichtsersparnis bei gleichzeitig minimalen Betriebskosten. Seitens der Metallbauweise, wie sie in aktuell produzierten Flugzeugen vorherrscht, müssen größte Anstrengungen unternommen werden, die nicht nur eine Optimierung des Gewichts zur Folge haben, sondern auch die Struktureigenschaften verbessern.

Mit Blick auf die Konstruktion einer metallischen Rumpfstruktur wird deutlich, wo Kapazitäten zur Gewichtsminimierung bei gleichzeitiger Strukturverbesserung liegen. Die seit Generationen für Längsverbindungen eingesetzte differenzielle Bauweise erfordert Überlappverbindungen, die zu unnötig großen Masseansammlungen im Fügebereich führen [2]. Eine Verbesserung dieser Situation kann durch die Technologie des Laserstrahlschweißens geschaffen werden. Ziel ist es, schrittweise die genietete Bauweise durch eine Integralstruktur zu ersetzen. Den Stand der Technik markiert derzeit die laserstrahlgeschweißte Stringer-Haut-Verbindung, welche für eine Vielzahl von Hautsegmenten im unteren Rumpfbereich der Flugzeuge Airbus A318, A380 und A340-600 HGW (high gross weight) eingesetzt wird. Im Unterschied dazu erfolgt die Verbindung zwischen zwei Rumpfsegmenten immer noch durch das Nieten. Limitierend für den Einsatz laserstrahlgeschweißter Haut-Haut-Verbindungen im Flugzeugrumpf sind die fertigungstechnischen Herausforderungen und die geringere Festigkeit des Schweißgutes gegenüber der des Grundwerkstoffs, das so genannte Undermatching. Dadurch ist die Belastbarkeit der Schweißverbindung eingeschränkt und ein möglicher Einsatz im Flugzeugrumpf fraglich. Dem gegenüber steht einerseits die Gewichtsreduzierung durch den Entfall der Nieten sowie die strukturmechanischen Vorteile, die durch eine Stumpfstoß-Verbindung zu erwarten sind. Die Herausforderung besteht darin, sowohl die statische Belastbarkeit, das Ermüdungsverhalten und die

Schadenstoleranz der Struktur bei minimalem Gewicht zu verbessern. Dafür notwendig ist die Kenntnis des Werkstoffverhaltens, wenn eine Schweißverbindung mit Undermatching vorliegt.

Im Sinne einer vollständigen Umsetzung der integralen Bauweise im metallischen Flugzeugrumpf bietet sich folgendes Vorgehen an: schrittweise Erweiterung der geschweißten Stringer-Haut-Verbindung auf Bereiche im Rumpf mit höheren Schadenstoleranzanforderungen, die Verknüpfung zwischen Clip und Haut sowie die Entwicklung von Technologien für den Einsatz geschweißter Haut-Haut-Verbindungen. Hauptanreiz ist die Reduzierung von Gewicht und Kosten, die durch integrale Haut-Haut-Verbindungen im Vergleich zu aktuell verwendeten mehrreihig genieteten Überlappverbindungen möglich ist. Seitens der Fertigung könnten darüber hinaus Kosten gespart werden, die durch eine höhere Prozessgeschwindigkeit des Laserstrahlverfahrens im Vergleich zum Nieten erzielbar wären. Eine erhebliche Gewichtseinsparung würde entstehen, wenn die Integralstruktur vollständig im Flugzeugrumpf Einzug hält und das Nietverfahren durch das Laserstrahlschweißen als einziges Fertigungsverfahren für alle Stoßverbindungen innerhalb der Integralstruktur ersetzt werden könnte. In Verbindung mit neuartigen, flexibel nutzbaren Maschinenkonzepten für unterschiedliche Schweißanwendungen bietet sich außerdem die Möglichkeit der Umsetzung integraler Bauweisen auf einer einzigen Bearbeitungsstation. Der dadurch erhöhte Automatisierungsgrad eröffnet neue Perspektiven für eine kostengünstigere, flexiblere und qualitätsgerechte Fertigung.

2 Kenntnisstand

Die Entwicklung eines Flugzeugs erfolgt interdisziplinär, beteiligt sind die Forschungsbereiche der Aerodynamik, der Ingenieurwissenschaft, der Werkstoffwissenschaft, der Physik, der Chemie und der Mathematik, um nur einige Gebiete anzusprechen. Ziel aller Bemühungen ist es, neben der größtmöglichen Sicherheit für den Passagier ein Optimum aus stofflicher, ökonomischer und ökologischer Effizienz für die Herstellung und den Betrieb eines Flugzeugs zu erreichen. Bezogen auf den konkreten Fall des Flugzeugrumpfes steht die Einsparung von Gewicht bei gleichzeitig verbesserten strukturrelevanten Eigenschaften im Vordergrund der Forschung. Vier wichtige Entwicklungsschwerpunkte im Bereich metallischer Rumpfstrukturen können unter anderem festgestellt werden:

- die Verwirklichung einer vollständigen laserstrahlgeschweißten Integralstruktur sowie die Optimierung und Weiterentwicklung von Fertigungs- und Prüfabläufen für bestehende Laserstrahlschweißanwendungen im Flugzeugrumpf, zum Beispiel der Stringer-Haut-Verbindung
- die Verbesserung der Belastbarkeit von Schweißverbindungen aushärtbarer Aluminiumlegierungen mit Undermatching insbesondere für Haut-Haut-Verbindungen eines metallischen Integralrumpfs von Flugzeugen
- die Entwicklung neuer Aluminium-Lithium Legierungen zur Erhöhung der spezifischen Festigkeit und von Aluminium-Magnesium-Scandium-Legierungen zur Verbesserung Eigenschaften nach dem Schweißen (geringes Undermatching)
- die Weiterentwicklung von Stringergeometrien zur Verbesserung der Struktureigenschaften.

Im Folgenden soll ein Überblick der Forschungsleistungen gegeben werden, die sich mit Bauweisen moderner Flugzeugrumpfstrukturen, werkstofftechnischen Aspekten für ausscheidungshärtbare Aluminiumlegierungen 6013, der Fügetechnik im Flugzeugbau und der Belastungssituation von Schweißverbindungen im Flugzeugrumpf auseinandersetzen. Untersuchungsergebnisse der statischen Festigkeit, der Ermüdung und der Schadenstoleranz von Schweißverbindungen mit Undermatching sollen insbesondere für die Haut-Haut-Verbindung erörtert werden. Dies umfasst die Vorstellung von Methoden und Prozeduren zur zerstörungsfreien und der zerstörenden Prüfung sowie der bruchmechanischen Bauteilsicherheitsbewertung und deren Grenzen.

2.1 Bauweisen im metallischen Flugzeugrumpf

2.1.1 Differenzielle Bauweise

Den metallischen Flugzeugrumpf dominiert heutzutage die differenzielle Bauweise, bei der die Außenhaut und das Versteifungselement im Überlapp miteinander verbunden werden. Dadurch entsteht eine Struktur, bei der zwei getrennte Lastpfade vorliegen, entweder über das Hautblech oder über das Versteifungselement. Die industrielle Fertigung erfolgt bislang hauptsächlich durch das Nietverfahren und wird seit der Entwicklung leistungsfähiger Klebstoffe durch die Klebetechnik ergänzt [3],[4]. Beide Verfahren gehören zum Stand der Technik und sind in verschiedenen Anwendungen im Einsatz [4],[5],[6]. In Tabelle 1 sind die Vorteile des Verfahrens und dessen Nachteile zusammengefasst.

Tabelle 1 Vor- und Nachteile der Niettechnologie für den Flugzeugbau

<table>
<tr><th colspan="2">Niettechnologie</th></tr>
<tr><td>Vorteile:
• keine schmelzmetallurgische Werkstoffbeeinflussung
• mechanischer Fügeprozess
• einfache Reparaturkonzepte
• Einsatz von Mischverbindungen
• geringe Investitionskosten
• gutes „Toleranzmanagement" bei der Fertigung</td><td>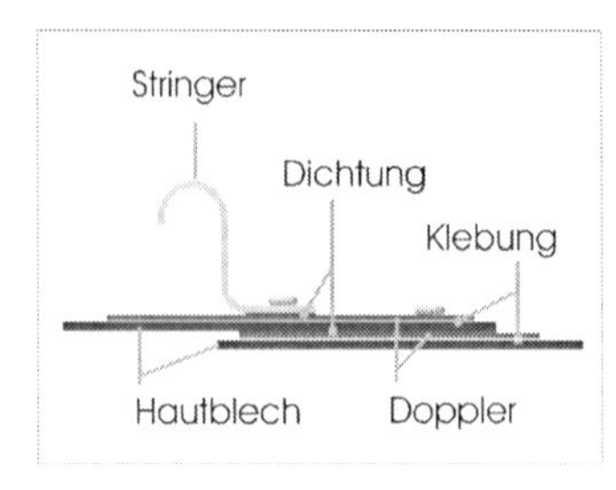
</td></tr>
<tr><td>Nachteile:
• niedrige Fügegeschwindigkeit
• hoher Prüfaufwand – Einzelprüfung
• nur Überlappverbindungen möglich (hohes Gewicht der Fügeverbindung)
• eingeschränkte mechanische Eigenschaften, Statik, Ermüdung, Kerbwirkung
• Korrosionsangriff bei fehlender Dichtmasse (metallische Werkstoffe)</td><td>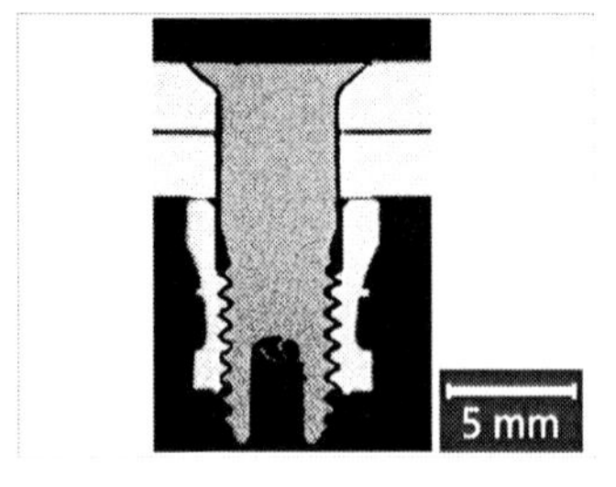
</td></tr>
</table>

Der Querschnitt in Tabelle 1 zeigt eine mehrteilige, sehr aufwendig hergestellte, geschraubte Verbindung, die höchste Präzision der verwendeten Komponenten erfordert. Die dargestellte Einheit wird in hoch belasteten Strukturbereichen, zum Beispiel Haut-Haut-Verbindungen eingesetzt, die eine hohe Festigkeit besitzen müssen. Zunehmend nachteilig gestaltet sich bei differenziellen Strukturen die Materialhäufung im Bereich der Überlappverbindung. Führt das dadurch erhöhte Gewicht zu einer höheren Belastbarkeit der Struktur, ist zu prüfen, ob die Vorteile die Nachteile überwiegen, ansonsten steht es im Widerspruch zu den heutigen Forderungen an Leichtbaukonstruktionen [2],[3],[7].

Die genietete Struktur und deren Verhaltensweisen im metallischen Flugzeugrumpf sind für die bisher bekannten Belastungen weitgehend untersucht. Aus statischer Sicht besitzen Nietverbindungen insgesamt eine hohe Tragfähigkeit [8]. Diese kann durch den Einsatz von Stahl- oder Titannieten weiter erhöht werden. Dazu sind sehr dicke Bauteilquerschnitte nötig, die dem Ziel der Gewichtsreduzierung entgegen stehen [9]. Erfährt die Nietverbindung trotzdem durch statische Überlastung eine Schädigung, kommt es zur Beeinträchtigung ihrer Funktion. In Kombination mit einer anschließenden zyklischen Belastung besteht die Gefahr eines Dauerbruchs. Wird die Nietscherfestigkeit überschritten, kommt es zum sofortigen Versagen der Struktur [8].

Konstruktiv lassen sich genietete Überlappverbindungen ein- oder mehrreihig gestalten, wobei verschiedene Legierungen miteinander kombinierbar sind. Stofflich müssen die Strukturelemente, zum Beispiel Außenhaut und Versteifungselement, durch ein Dichtmittel voneinander getrennt werden. Ohne diese Maßnahme würde metallischer Kontakt bestehen, der im Zusammenspiel mit Elektrolyt zu einer elektrochemischen Reaktion führt, die Folge wäre eine Materialschädigung. Bedingt durch die Vielzahl von Bohrungen bei der differenziellen Nietbauweise werden potenzielle Angriffspunkte für korrosive Vorgänge geschaffen. Wird die Nietverbindung dadurch geschädigt, ist langfristig mit einer

Reduzierung ihrer Tragfähigkeit zu rechnen. Diese Schwierigkeit existiert bei der Klebetechnik nicht, da der Klebstoff gleichzeitig eine Abdichtfunktion übernimmt. Das heißt, die Klebeverbindung weist Vorteile bezüglich ihrer Langzeitstabilität gegen Korrosion auf. In den vergangen Jahren sind zudem große Fortschritte hinsichtlich der chemischen Beständigkeit von Klebstoffen erzielt worden. Darüber hinaus konnte die ertragbare Festigkeit durch neue Klebsysteme schrittweise erhöht werden [5]. Unter Ermüdungsbelastung verhält sich eine geklebte Verbindung durch den Wegfall der Bohrlöcher toleranter gegenüber einer genieteten.

Technologisch sind die Verfahrensgrenzen weitgehend erreicht. So ist eine Verkürzung der Taktzeit für die Fertigung einer Nietverbindung seit dem Einsatz von NC-Nietverfahren kaum mehr möglich [3],[10]. Auch hinsichtlich der Klebetechnik sind Grenzen zur Verbesserung der Fertigungseffizienz gesetzt, da je nach Klebstoffart unterschiedlich lange Leerlaufzeiten für die Aushärtung benötigt werden. Die Herausforderung für zukünftige Anwendungen besteht darin, kurze Fertigungsabläufe bei gleichzeitig geringen Kosten zu ermöglichen [11],[7].

2.1.2 Integrale Bauweise

Die integrale Bauweise unterscheidet sich von der differenziellen dadurch, dass die Außenhaut ohne den Einsatz von Nieten oder Klebstoff mit dem Versteifungselement stoffschlüssig verbunden ist. Solche Strukturen können entweder durch Fräsen oder mittels Laserstrahlschweißen erzeugt werden. Der Vorteil liegt in der beachtlichen Materialersparnis durch den Entfall der sonst üblichen Überlappverbindung [10]. Zu erwarten ist im Vergleich zum Nietenverfahren auch eine hohe Prozessgeschwindigkeit durch die Schweißtechnologie, womit eine Verkürzung der Fertigungszeit möglich wird und woraus eine Kostenersparnis resultieren sollte [2],[12]. Einen größeren Aufwand im Vergleich zur Niettechnologie erfordert die Reparatur von lasergeschweißten Verbindungen. Obwohl eine Beschädigung der Schweißnaht, die während der Fertigung auftritt, mit begrenztem Aufwand durch erneutes Schweißen behoben werden kann, müssen nach der Auslieferung des Flugzeugs alternative Verfahren, wie das Nieten, zu der Beseitigung von Schäden genutzt werden. Durch den Vollanschluss zwischen Haut und Versteifungselement reduziert sich die Anzahl der zur Verfügung stehenden Lastpfade von zwei getrennten auf einen gemeinsamen [1], [13]. Dennoch ist für integral aufgebaute Rumpfstrukturen eine höhere statische Belastbarkeit bei gleichem Gewicht gegenüber der genieteten Bauweise zu erwarten, dies gilt insbesondere bezogen auf die Biege- und Beulsteifigkeit. Eine vollständig laserstrahlgeschweißte Integralstruktur für metallische Flugzeugrümpfe zu erzeugen, wäre eine Lösung, bestehende Limitationen der genieteten Bauweise zu überwinden [14]. Im Folgenden sollen Möglichkeiten und Chancen zur Umsetzung dieser Vision bewertet werden.

Vorstellbar ist die Herstellung einer Integralstruktur in monolithischer Bauweise mittels moderner Fräsverfahren. Dieses Verfahren wird bereits bei der Herstellung von metallischen Flügelstrukturen und Flügelkästen sowie Druckschotts eingesetzt. Als Basis für ein Panel des Flugzeugrumpfes ließe sich eine hinreichend dicke Aluminiumplatte nutzen, aus der zum Beispiel ein typischer Stringer mit einer Höhe von ca. 30 mm durch Hochgeschwindigkeitsfräsverfahren herausgearbeitet wird. Aufgrund der erheblichen Materialvolumina, die zunächst vorgehalten werden müssen und anschließend beim Fräsen beseitigt werden, ist diese Art der Fertigung integraler Strukturen verhältnismäßig kostenintensiv und damit nicht für jeden Bereich der Rumpfstruktur anwendbar. Bei den mechanischen Eigenschaften, zum Beispiel der Schadenstoleranz von dicken Platten, ist im Vergleich zu dünnen gewalzten Blechen mit Einschränkungen zu rechnen. Ein vermutlich preiswerterer Ansatz ist das Strangpressen großer Panels [7],[15]. Für dieses Verfahren bietet sich die Längsversteifung im Flugzeugrumpf an, die eine kontinuierliche Einheit zwischen Außenhaut und Versteifungselement darstellt. Entsprechende Rohlinge müssten eine Breite von ca. 2000 mm aufweisen. Technisch sind diesem Ansatz Grenzen gesetzt, da derzeit zur Verfügung stehende Strangpressmaschinen nicht über die notwendige Presskraft verfügen. Aus diesem Grund wurden zunächst dünnwandige Zylinder mit kleinem Durchmesser und Längsrippen hergestellt. Werden diese in Längsrichtung aufgeschnitten und zurückgeformt, entstehen beachtliche Panels mit integraler Längsversteifung. Lässt sich dieser Erfolg auch auf die Maßhaltigkeit der gepressten Produkte umsetzen, können bestehende Fertigungstoleranzen besser eingehalten werden [3],[7]. Die häufig im Flugzeugbau benötigten sphärischen Bauteilformen sind wegen der kontinuierlich zusammenlaufenden Abstände der Längsversteifungen mit dieser Technologie nicht umsetzbar.

Eine Herausforderung bei monolithischen Strukturen ist eine Kombination von unterschiedlichen Werkstoffeigenschaften in einem Panel. Optimal wäre der Einsatz einer vergleichbaren Eigenschaftskombination wie sie bei der differenziellen Bauweise Anwendung findet. Dort wird für das Hautblech ein Werkstoff mit hoher Festigkeit bei gleichzeitig hoher Zähigkeit eingesetzt, während für die Längsversteifung eine Legierung mit deutlich erhöhter Festigkeit verwendet wird. Diese Eigenschaftspaarung stellt für das Strangpressen eine technische Herausforderung dar. Für kleinere Profile besteht die Möglichkeit des Koextrudierens, bei dem zwei Werkstoffe in einem Bauteil mit einander verbunden werden [16].

Eine Lösung für große integrale Strukturen könnte wie folgt aussehen: Die Außenhaut und das Versteifungselement werden separat voneinander hergestellt und anschließend durch Nutzung einer modernen Fügetechnologie stoffschlüssig verbunden. Das Laserstrahlschweißen bietet dafür beste Voraussetzungen.

2.1.3 Übergang von der differenziellen zur integralen Bauweise

Wie aus dem bisherigen Kenntnisstand hervorgeht, weisen differenzielle Strukturen eine Vielzahl von Nietverbindungen auf, deren hohes Gewicht sich zunehmend nachteilig für die Rumpfstruktur auswirkt. Deshalb sollen mit dem Einsatz neuer Bauweisen wie der Integralstruktur, Gewicht gespart und die Prozesszeit verkürzt werden. Das Potenzial zur Gewichtseinsparung wird bereits bei dem Vergleich beider Bauweisen sichtbar, Bild 1. Die dargestellte Integralstruktur ist nur noch im Bereich der Clip-Spant-Verbindung genietet [17].

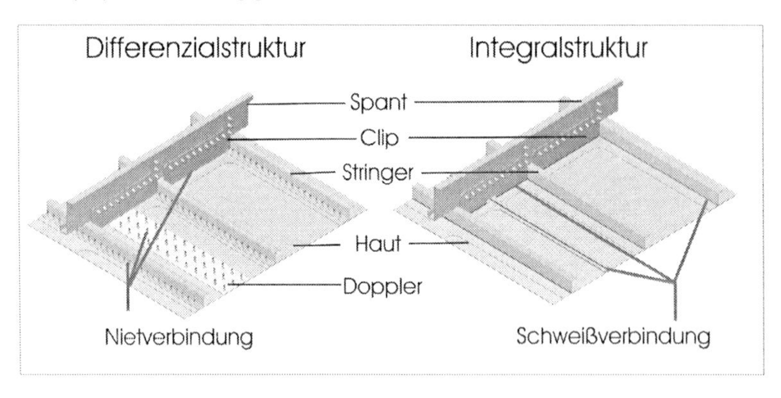

Bild 1 Vergleich zwischen Differenzial- und Integralstruktur

Bis die erste laserstrahlgeschweißte Integralverbindung zum Einsatz kam, wurde eine Vielzahl von Entwicklungsarbeiten zu diesem Thema durchgeführt. Allen gemeinsam war die Aufgabe eine optimale Fertigungstechnologie zu entwickeln, mit der laserstrahlgeschweißte Verbindungen erzeugt werden können, deren mechanische Eigenschaften mindestens denen der genieteten Strukturen entsprechen beziehungsweise besser als diese sind. Somit bestand das Hauptziel darin, die T-Stoß-Verbindung für die Anwendung im Flugzeugbau zu qualifizieren [2],[3],[11],[18],[19], [20]. Inzwischen ist die Technologie des Laserstrahlschweißens von Stringer-Haut-Verbindungen für große Bereiche des Unterrumpfs Stand der Technik und neben dem Airbus A318 in die Flugzeuge Airbus A340-600 HGW und das größte Modell des Airbus Konzerns, den Airbus A380, eingeführt. Den höchsten Bauanteil, mit ca. 14 laserstrahlgeschweißten Panels, weist das Modell Airbus A340-600 HGW auf [21],[12],[22]. Die Schweißnahtlänge beträgt insgesamt ca. 798 m und ersetzt damit schätzungsweise mehr als 30000 Nietstellen [22]. Getrieben war diese Entwicklung von der erheblichen Gewichtsersparnis und von fertigungstechnischen Aspekten, wie der Erhöhung der Prozessgeschwindigkeit und der Verkürzung der Prozesskette [2],[11],[12].

Neben Anwendungen für den zivilen Flugzeugbau finden sich auch laserstrahlgeschweißte Bauteile in Militärflugzeugen. Am Beispiel des Eurofighters konnte gezeigt werden, wie durch das Laserstrahlschweißen nicht nur die Niettechnologie ersetzt, sondern gleichzeitig der Fräs- und Materialaufwand einzelner Komponenten deutlich reduziert werden kann [23]. Zum Einsatz kam, statt des üblichen CO_2-Lasers, ein Festkörperlaser (Nd:YAG), der aufgrund der begrenzten Zugänglichkeit der Fügestellen Vorteile hinsichtlich der Strahlführung bot.

Im Fall der Clip-Haut-Verbindung besteht die Herausforderung stärker in der Entwicklung effizienter Fertigungsabläufe, da für ein typisches Panel aus dem Unterrumpf durchaus ca. 170 Clips zu verarbeiten sind. Bisher lag die Zahl der Längsschweißverbindungen bei ca. 14 Stringern mit einer Länge von bis zu 10 m, weshalb die Prozessgeschwindigkeit die Effizienz des Verfahrens bestimmt. Die sehr kurzen Schweißnahtlängen von Clip-Haut-Verbindung liegen zwischen 70 mm und 140 mm. Daraus ergibt sich die Notwendigkeit, einen hohen Automatisierungsgrad zu generieren. Zudem erfordert der eingeschränkte Bauraum in dem die Clip-Haut-Verbindung liegt die Anpassung der Schweißoptik in ihrem Platzbedarf. Entsprechende Optiken mit größerer Brennweite als sie bei den Stringer-Haut-Schweißköpfen verwendet wird, ermöglichen den kollisionsfreien Zugang zur Schweißposition. Die Entwicklung geeigneter Schweiß- und Maschinenkonzepte wurde im Rahmen eines Forschungsprojektes zur „Erstellung des automatisierten Clipschweißens" durchgeführt [24]. Sie bestehen aus einer flexibel einsetzbaren Spannvorrichtung und einem speziellen Schweißkopf. Die bewegliche und trotzdem kompakte Bauweise ermöglicht das kollisionsfreie Eintauchen des kompletten Schweißkopfes in den Bauraum. Erforderlich sind berührungslos arbeitende Sensoren und geeignete Algorithmen zur Auswertung der erfassten Daten. Der Fertigungsprozess kann in einer programmierten Schleife ablaufen, so dass extrem kurze Fertigungszeiten erzielt werden können [24].

2.1.4 Gewichtsvorteil durch Integralstrukturen im Flugzeugrumpf

Durch den Einsatz schweißgeeigneter Werkstoffe, wie der Legierung 6013 mit ihrer ca. 3 % geringeren Dichte gegenüber dem Werkstoff 2024, kann eine Gewichtsreduktion von ca. 15 % im Vergleich zu bestehenden Bauweisen erzielt werden [3],[12],[22]. Wird an einer Rumpfschale, wie sie zum Beispiel im unteren Bereich eines Mittelstreckenflugzeugs Einsatz findet, die potenzielle Schweißnahtlänge aller drei Schweißverbindungen Stringer-Haut-, Clip-Haut- und Haut-Haut-Verbindung abgeschätzt, ergibt sich folgende Abstufung:

- für die Stringer-Haut-Verbindung, ca. 75 m Verbindungslänge
- für die Clip-Haut-Verbindung, ca. 25 m Verbindungslänge
- und für die Haut-Haut-Verbindung, ca. 15 m Verbindungslänge

Wären alle Schweißverbindungen im Flugzeugrumpf zu realisieren, könnte in einem Panel eine Schweißnahtlänge von ca. 115 m erzeugt werden [25].

Ausgehend von im Mittel 64 Nieten je Meter Schweißnaht (Mittelwert aus Stringer 38 Stk./m, Clip 38 Stk./m und Haut 114 Stk./m) ist die Anzahl der eingesparten Bauteile enorm. Den größten Anteil übernimmt die Haut-Haut-Verbindung mit ca. 114 Nieten je laufendem Meter Längsnaht bei einem dreireihig genietetem Überlapp. Bezogen auf das bewertete Panel werden für einen Meter T-Stoß (Stringer und Clip) nur ca. 66 % der Nieten verbraucht, die für einen Meter Haut-Haut-Verbindung für eine Längsschweißnaht benötigt werden. Wird nur die Stringer-Haut-Verbindung zugrunde gelegt, beträgt der Anteil nur noch ca. 33 % je Meter Schweißnahtlänge. Das heißt, die Menge der benötigten Nieten für die Erzeugung von einem Meter Haut-Haut-Verbindung liegt somit um ca. den Faktor 3 höher als bei T-Stoß-Verbindungen. Die sich daraus ergebende Gewichtsreduzierung wäre erheblich. Gleichzeitig könnte durch den Wegfall von Einzelschritten die Fertigungszeit für Haut-Haut-Verbindungen stark reduziert werden [25]. Die Umsetzung des Laserstrahlschweißens einer Haut-Haut-Verbindung sollte daher von ebenso großem Stellenwert für die Produktion sein, wie sie es bei dem T-Stoß war.

Bisher wurde die Gewichtsreduzierung hauptsächlich durch die Bauweise der Struktur realisiert. Eine weitere Möglichkeit, Gewicht zu sparen, ist die Nutzung von Werkstoffen mit geringerer Dichte oder bei gleicher Dichte mit verbesserten Werkstoffeigenschaften. Im Vergleich zu der Standardlegierung 2024 weist der leichtere und schweißbare Werkstoff 6013 eine um ca. 12 % höhere 0,2%-Dehngrenze auf [2]. Durch den Einsatz von neu entwickelten Aluminium-Lithium-Legierungen im Flugzeugrumpf werden bis zu 10 % Gewichtsersparnis und eine ca. 10 % höhere Tragfähigkeit im Vergleich zu herkömmlichen Werkstoffen prognostiziert. Gleichzeitig sollen diese Legierungen eine Anhebung des E-Moduls von derzeit ca. 69 GPa (6013) auf ca. 75 GPa ermöglichen. Die Aluminium-Lithium-Legierungen zählen zu den höchstfesten Aluminium-Werkstoffen, die dennoch schweißbar sind [26],[27],[28]. Begrenzend wirken derzeit die Beständigkeit der Legierung gegen Alterung sowie die anisotropen mechanischen Eigenschaften. Zu berücksichtigen ist auch der wesentlich höhere Preis im Vergleich zur Standardlegierungen 2024 und 2524 [3].

Zu einem anderen vielversprechenden Werkstoff zählt die Verbindung aus Aluminium-Magnesium-Scandium. Sie ist schweißbar und gehört zu den naturharten Legierungen. Neben der hohen Korrosionsbeständigkeit bietet dieser Werkstoff gute mechanische Eigenschaften. Die Festigkeit dieser Legierungen kann durch Zugabe von Zirkon weiter gesteigert werden [2],[10],[29]. Insgesamt bietet der Werkstoff damit gute Voraussetzungen für den Einsatz in hoch belasteten Schweißverbindungen.

2.2 Einsatz kohlefaserverstärkter Kunststoffe im Flugzeugrumpf

Das geringe Gewicht von Bauweisen aus faserverstärktem Kunststoff und deren hohe spezifische Festigkeit stellen insbesondere für metallische Strukturen eine große Herausforderung dar, um die besten Eigenschaften für den Flugzeugrumpf abzuleiten. Seit der Vorstellung des Boeing Modells 787 auf der Air Show in Paris 2003, verbunden mit der Ankündigung, Rumpfsegmente komplett aus kohlefaserverstärktem Kunststoff CFK herzustellen, wird das Thema Faserverbundwerkstoffe in der Entwicklung einer Vielzahl von Bauteilen für den Flugzeugrumpf forciert. Die Euphorie über die Vorteile des Werkstoffs CFK führt derzeit zu dem Wunsch, bisher in Metall gefertigte Komponenten zu ersetzen. Im Gegensatz zu metallischen Werkstoffen sind die mechanischen Eigenschaften in Abhängigkeit von den CFK-Faserlagen stark anisotrop. Deshalb muss der Faserverbundwerkstoff auf die Erfordernisse der Struktur abgestimmt werden. Beispielhaft dafür ist die Bezeichnung „Flugzeug-Laminat" dessen Faserlagen zu 0/90/±45 Grad, bezogen auf die x-Richtung einer Platte, orientiert sind [30]. Der Vorteil besteht darin, dass jede Lastkombination über die Fasern aufgenommen werden kann. In der Literatur wird die Frage nach einfachen Reparaturstrategien für einen Flugzeugrumpf aus Faserverbundwerkstoffen nicht erschöpfend beantwortet. Neuere Veröffentlichungen, unter anderem von [31],[32] zeigen erste Möglichkeiten für geeignete Reparaturmaßnahmen von faserverstärkten Kunststoffstrukturen auf. Vollständige Lösungen sind jedoch noch nicht vorhanden.

Als wesentlicher Gewinn einer aus CFK gefertigten Struktur wird die Gewichtsersparnis gegenüber Aluminium gesehen [33]. In [34] wird für das Airbus-Modell A320 als Vertreter der Kurz- und Mittelstreckenflugzeuge eine Gewichtsersparnis von bis zu 30 % prognostiziert. Basis für diese Angabe ist die direkte Übertragung der Aluminiumbauweise auf eine CFK-Struktur. Berechnungen für das Startgewicht eines in CFK gefertigten Flugzeugs ergaben, dass nur ca. 4 % Gesamtmasse bei Verwendung von CFK eingespart werden kann [1]. Ursache für die geringe Gewichtsersparnis sind Komfortverbesserungen, die bei einem solchen Flugzeug Einzug halten würden. Im Unterschied zur Gewichtsersparnis liegt der Primärenergiebedarf zur Herstellung des Flugzeugs von der Werkstofferzeugung bis zum finalen Einsatz für den Werkstoff CFK auf gleichem Niveau wie für Aluminium [1]. Die entstehenden Kosten werden in [1],[2],[3] nicht näher erläutert, andere Quellen sprechen von ca. 20 % höheren Materialkosten im Vergleich zu Aluminium [35].

Verbindungen aus CFK können derzeit ausschließlich durch konventionelle Niet- beziehungsweise Klebeverfahren erstellt werden. Das heißt, die Fügetechnik für Verbundwerkstoffe weist nicht die Freiheitsgrade auf, die von metallischen Werkstoffen bekannt sind [36]. Die Niettechnologie gestaltet sich zudem bei Verbundmaterialien schwierig, da aufgrund der hochfesten Fasern die verwendeten Bohrwerkzeuge einem starken Verschleiß unterliegen und im Bereich der Bohrung eine Schädigung des Werkstoffs nicht auszuschließen ist. Unter Belastung kommt es wie bei metallischen Verbindungen auch zur Lochleibung in der Nietverbindung. Diese sind für den Werkstoff CFK aufgrund der geringeren Festigkeit der Matrix kritisch. Eine intakte Matrix ist jedoch notwendig, um die Kohlenstofffasern im Verbund zu halten. Die Schädigung des Bauteils durch Lochleibung ist abhängig von der vorherrschenden Richtung der Fasern beim Werkstoffaufbau. Sie kann durch die Ausrichtung der Faserlagen in der Anordnung 0/90/±45° reduziert werden. Zur Steigerung der zulässigen Lochleibungs- und Scherkräfte wird Titan in das CFK Laminat in Form von Folien beziehungsweise dünnen Blechen, ca. 0,3 mm, eingearbeitet [37],[38],[39]. Titan/CFK-Laschen sind aufwendig in der Herstellung und müssen mit Titanbolzen/Stahlmutter-Nieten kombiniert werden. Eine andere Herangehensweise zur Reduzierung der Lochleibung in metallfreien CFK-Bauteilen sind konstruktive Lösungen. Dazu werden so genannte Pufferelemente in die Nietbohrung eingebracht, die zu einer besseren Kraftverteilung in der Verbindung führen sollen [30],[38],[39].

In vielen Bereichen des CFK-Flugzeugrumpfes sind Titan-verstärkte Verbindungen für die Montage unerlässlich. Diese Entwicklung führt zu einer Verlagerung der Werkstoffanteile im Flugzeugrumpf. Bezogen auf den Gesamtrumpf sind im Airbus A320 ca. 6 bis 7,2 % Titan (metallische Bauweise) verarbeitet [4],[40], während der Anteil im Airbus A380 bereits auf ca. 10 % (Mischbauweise, Al, glasfaserverstärktes Aluminium, Faserverbunde) steigt [40] und in der 787 von Boeing ca. 15 % (Faserverbundbauweise) beträgt [35],[41]. Wird der Flugzeugrumpf vollständig in einem Stück gefertigt, können viele Einzelkomponenten eingespart und teure Titan-Fügeverbindungen vermieden werden [42]. Bei der Integration von Versteifungselementen im Panel ist dieser Vorteil bereits umgesetzt. Eine große Herausforderung für faserverstärkte Kunststoffe sind technisch einfache und preiswerte Reparaturstrategien [32]. Es kann derzeit nicht davon ausgegangen werden, dass die Struktur über die gesamte Einsatzdauer unbeschädigt bleibt, auch wenn von der Struktur selbst kein Schaden ausgeht. Im Gegensatz dazu lassen sich metallische Bauweisen unkompliziert reparieren und bei Bedarf vollständig umbauen. Dieser Vorteil wird oft bei älteren Passagiermaschinen genutzt, wenn diese zu Frachtmaschinen umgebaut werden.

2.3 Belastung im Flugzeugrumpf

Der Flugzeugrumpf wird durch eine Vielzahl von äußeren und inneren Belastungen über eine Lebensdauer von mindestens 25 Jahren und / oder bis zu 90000 Flugzyklen beansprucht [43],[44],[45],[33]. Typisch sind mechanische und chemische Einflüsse, die bei gegebener äußerer Belastung zur Ermüdung des Werkstoffs und anschließender Rissbildung führen können. Zu den Medien, die eine Schädigung der Struktur verursachen können, zählen die Luftfeuchte in der Kabine, Wettereinflüsse, hervorgerufen durch den häufigen Standortwechsel, sowie die im Winter benötigten

Enteisungsmittel. Als Folge dieser Belastung kann die Struktur korrodieren, wodurch der Werkstoff schrittweise geschädigt wird [45]. Die allgemein auf den Rumpf wirkenden mechanischen Belastungen werden durch den Flugbetrieb, die Start-, Lande- und Rollbewegung sowie sonstige Lasten wie zum Beispiel Vogelschlag verursacht. In Abhängigkeit von der Flugstrecke, den klimatischen Bedingungen und dem Gewicht des Transportgutes, können Lastkollektive zur Ermittlung der Lebensdauer des Flugzeugs zusammengestellt werden [44].

Die mechanischen Beanspruchungen des Flugzeugrumpfes können im Wesentlichen auf Belastungen durch Kabineninnendruck, Biegung und Torsion reduziert werden, Bild 2. Daraus leiten sich Zug-, Druck- und Schubspannungen ab, die von der Struktur ertragen werden müssen. Im Unterrumpf dominieren Schub-Druck-Spannungen, während im Übergang zum Oberrumpf schrittweise, über die Seitenpanels, die Zugbelastung in Längsrichtung steigt und im Oberrumpf maximal ist [2],[4],[46]. Wichtig ist ein optimales Zusammenspiel zwischen den Eigenschaften der Legierung und der Bauweise, um den auftretenden Kräften, zum Beispiel beim Landestoß, zu widerstehen. Wird nur die Haut-Haut-Verbindung in Längsrichtung des Flugzeugrumpfes betrachtet, ist die Zugspannung die dominierende Beanspruchung, resultierend aus dem Kabineninnendruck. Das heißt, eine laserstrahlgeschweißte Längsverbindung muss die Hautspannung übertragen, ein Totalausfall der Verbindung muss sicher unterbunden werden. Die Struktur hat eine hohe statische Belastbarkeit zu gewährleisten, ausreichend Schutz gegen Ermüdung zu bieten und die Kriterien der Schadenstoleranz zu erfüllen [1],[47],[48]. Schadenstolerante Auslegungsprinzipien für geschweißte Haut-Haut-Verbindungen werden in [49] für einen druckbeaufschlagten Rumpf zusammengefasst. Durch ein auf das Eigenschaftsprofil der Schweißnaht abgestimmtes Design und die hohe Schadenstoleranz der untersuchten Rührreibschweißnaht können die Anforderungen an Primärstrukturen erfüllt werden.

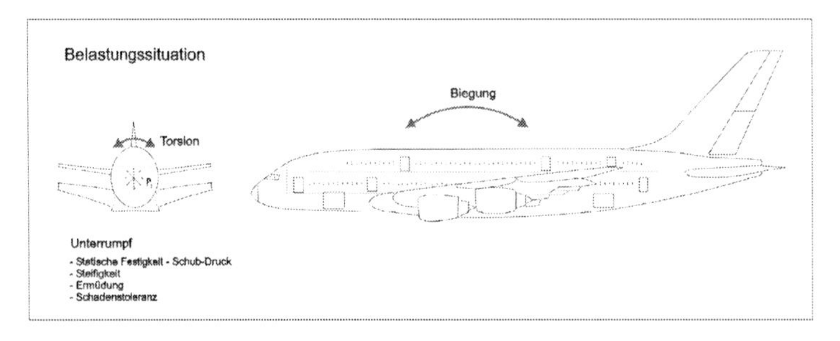

Bild 2 Belastungssituation im Flugzeugunterrumpf – Ableitung der statischen und zyklischen Belastung einer laserstrahlgeschweißten Haut-Haut-Verbindung in Längsrichtung

Aufgrund der zylindrischen Bauweise ist der Oberrumpf infolge der zulässigen Durchbiegung des Rumpfes auf Zug beansprucht. Dieser in Längsrichtung wirkenden Beanspruchung wird eine durch den Innendruck hervorgerufene Zugspannung überlagert, sie beträgt die Hälfte der Umfangsspannung. Die Anforderungen an die Strukturbereiche im Oberrumpf sind demzufolge sehr hoch und müssen durch geeignete Bauweisen und die Wahl des richtigen Haut- beziehungsweise Stringerwerkstoffs erfüllt werden.

Metallische Strukturen bieten den Vorteil, bei hohen Lasten zunächst durch Beulen und bei Überschreitung der 0,2%-Dehngrenze durch plastische Verformung ihre Schädigung sichtbar zu machen. Diese Schäden sind im Vergleich zu faserverstärkten Kunststoffen besser detektierbar. Um Beulen der gesamten Struktur zu vermeiden, erfolgt die Auslegung einer versteiften Struktur nach dem Grundsatz, dass ausschließlich lokal begrenzte Bereiche (zum Beispiel das Pocketing) beulen dürfen [50]. Dieser Effekt kann über den E-Modul des Werkstoffs und die konstruktive Versteifung der Struktur beeinflusst werden.

Prüfmethoden

Für den Flugzeugrumpf haben sich 5 Teststufen etabliert. Sie reichen von der Kleinprobe bis hin zum „Full Scale Fatigue" Test [14]. Die Testreihe beginnt mit einer Laborprobe für Versuche, die unter statischen oder zyklischen Bedingungen durchgeführt werden. Typische Experimente für eine statische Beanspruchung sind der Zug-, der Biege- oder der Druckversuch. Laboruntersuchungen unter zyklischer Belastung werden zum Beispiel zur Erstellung von Wöhlerdiagrammen genutzt. Die nächste Versuchsstufe umfasst einen Paneltest, mit dem Bauweisen oder Werkstoffe untersucht werden können. Üblich ist ein 1 x 1 m² großes Hautblech, das mit 7-Stringern versteift ist und für Luftfahrtstrukturen unter anderem zur Bewertung der „large damage capability" genutzt werden kann. Dazu wird der mittlere Stringer des Panels durchtrennt, und der entstandene Riss wandert aufgrund der zyklisch wiederkehrenden Belastung schrittweise durch die Struktur. Werden die Forderungen an die Struktur und den Werkstoff bis zu diesem Stadium erfüllt, kann die nächste Versuchsebene, der Schalentest, aufgebaut werden. Dieser Versuch erlaubt es erstmals, die Wirkung des im Flugzeug üblichen Innendrucks bei gleichzeitiger Schub-Druckbelastung auf eine gekrümmte Schale umzusetzen. Die reale Schalenbelastung ist hier bereits gut simulierbar, es müssen aber weiterhin Annahmen für die Randbedingungen des Versuchs getroffen werden. Um den Einfluss der fehlenden Parameter zu minimieren, muss eine Angleichung der realen Belastungen erfolgen. Möglich wird das durch den deutlich aufwendigeren Barreltest. Dafür wird ein komplettes Rumpfsegment aus mehreren Schalen zusammengesetzt und durch Innendruck, Torsion und Biegung belastet. Die hier gewonnenen Erkenntnisse beschreiben nahezu vollständig die Wirkung einzelner Rumpfkomponenten auf die Gesamtheit der Struktur. Sie sind in ihrer Übertragbarkeit auf die reale Struktur nur durch die endliche Größe des Aufbaus begrenzt. An dieses Versuchsstadium schließt sich noch der „Full-Scale-Fatigue" Test an. Dieser ist notwendig, wenn ein komplett neues Flugzeug in die Serie überführt werden soll und keine Erkenntnisse über das Zusammenspiel aller Strukturkomponenten vorliegt. Aktuelles Beispiel dafür ist der Strukturtest des Großraumpassagierflugzeugs Airbus A380, bei dem nahezu das gesamte Flugzeug einem vollständigen Lebenszyklus unter realistischen Bedingungen unterzogen wird [1],[2],[31].

2.3.1 Kriterien für die schadenstolerante Auslegung

Die Bewertung des Rissfortschritts in Flugzeugstrukturen ist neben der Kenntnis von Materialkennwerten auch an strukturmechanische Randbedingungen geknüpft. Für den Flugzeugbau ist deshalb im Handbuch Struktur Berechnung [13] festgelegt, dass: „Eine schadenstolerante Auslegung aller Primärbereiche gefordert ist, die über die Schadensfreiheit für die Einsatzzeit eines Bauteils hinausgehend, auch im Auftretensfalle eines Schadens nicht zum Bauteilversagen führt. Schadenstolerante Strukturen sind für einen definierten Zeitraum in der Lage, im Falle eines auftretenden Schadens, die Auslegungslasten („limit loads") und Betriebslasten („fatigue loads") ohne Gesamtbauteilversagen zu ertragen." Dazu ist die Kenntnis über die minimal erkennbare Schadensgröße wichtig, da diese den Inspektionsbeginn festlegt [13]. Notwendig dafür ist das Wissen über die Geschwindigkeit, mit der sich ein Riss in der Struktur ausbreitet, das Rissfortschrittsverhalten sowie das Vermögen einer angerissenen Struktur, den äußeren Belastungen standzuhalten, die sogenannte Restfestigkeit. Aus dem Bauteilverhalten kann ein Inspektionsprogramm definiert werden, mit dem die Sicherheit für den Betrieb gewährleistet wird [43],[47],[51],[52],[13]. Zu berücksichtigen ist, dass Mehrfachschäden („widespread fatigue damage") über die Einsatzdauer der Struktur nicht zulässig sind, da diese sich gegenseitig beeinflussen und sich zu einem großen Schaden verbinden könnten [13]. Ausgelegt werden schadenstolerante Strukturen nach der Anzahl der zulässigen Lastpfade, entweder Einzellastpfade (SLP – DT) oder Mehrfachlastpfade (MLP – DT). Im ersten Fall muss der Schaden bereits nach einem Teilausfall (kurzer Riss) sicher erkannt sein, um ein Totalversagen zu vermeiden. Bei redundant aufgebauten Strukturen kann bei Ausfall eines Lastpfades die Belastung durch andere Bauteile aufgenommen werden und ein Totalausfall sicher vermieden werden. Die

Schadenstoleranz wird nach HSB [13] und der europäischen Norm JAA 25 (Joint Airworthiness Authorities) und den amerikanischen Standard FAR 25 (Federal Aviation Administration) definiert. Zwei wesentliche Auslegungsziele sind im HSB [13] wie folgt definiert:

- „... langsamer Rissfortschritt und große kritische Risslänge durch Auswahl geeigneter Werkstoffe, Geometrien und Spannungsniveaus
- die Bauteile müssen bis zum Ende der Einsatzzeit frei von Mehrfachanrissen („widespread fatigue damage") sein, die sich gegenseitig beeinflussen und zu kritischen Veränderungen der Restfestigkeit führen könnten"

Allgemein betrachtet, muss für die in der Arbeit untersuchte Haut-Haut-Verbindung ein Schadenstoleranznachweis geführt werden, der folgende Fragestellungen nach Handbuch Struktur Berechnung (HSB) [13] beinhaltet:

- „Wie breitet sich ein Riss infolge der Betriebslasten aus? - Rissfortschrittsproblem"
- „Wie groß ist die Tragfähigkeit eines Bauteils im angerissenen Zustand? - Restfestigkeitsproblem"

Beispiel

Strukturmechanisch bietet die differenzielle Bauweise Vorteile gegenüber einem Schaden, der zum Beispiel in Form eines Risses in der Außenhaut vorliegt. Breitet sich dieser Defekt in Richtung eines Versteifungselements aus, erfolgt schrittweise eine Lastumlagerung von der Außenhaut in das versteifende Strukturelement. Die Verschiebungsbewegung der Rissufer wird durch das Versteifungselement solange behindert, bis dessen Zugfestigkeit erreicht ist. Durch dieses Bauteilverhalten kann der Riss in der Außenhaut weiter voranschreiten und so eine Position hinter dem Strukturelement erreichen ohne dass das Versteifungselement versagt. Die Struktur besitzt durch dieses gute Schadenstoleranzverhalten eine hohe Lebensdauer.

Diese Eigenschaft von Differenzialstrukturen wird bei Nietverbindungen nur dann eingeschränkt, wenn ein Riss entlang der Nietreihe entsteht und so das Bauteil zwischen den benachbarten Bohrlöchern durchtrennt [53],[54],[55]. Ursache für dieses Verhalten kann die lokal wirkende Spannungsüberhöhung im Bereich der Nietbohrungen sein, die zu einer vorzeitigen Ermüdung der Struktur führt und so den Rissfortschritt begünstigt [56],[44],[45]. Unter dieser Randbedingung ist zu prüfen, ob durch weitere Materialanhäufung (zum Beispiel Nietsockel) die Schadenstoleranz verbessert werden kann oder ob der Werkstoff mit besseren Eigenschaften ausgestattet werden muss.

2.3.2 Schadenstoleranz von Integralstrukturen

Kritisch sind Risse insbesondere dann, wenn in der Struktur große Risslängen erreicht werden und wenn eine Rissdrehung die zur Entlastung der Rissspitze führen würde, ausbleibt. In diesem Fall muss die Struktur dennoch die gestellten Anforderungen erbringen ohne zu versagen. Das Phänomen der Rissauslenkung in Integralstrukturen wurde in einem Forschungsbericht der „National Aeronautics and Space Administration" NASA [7] untersucht. Im Rahmen dieser Versuche wurde für versteifte Strukturen festgestellt, dass die Kombination aus der Belastung durch den Rissmode I und die gleichzeitige Existenz einer hohen, senkrecht zur rissöffnenden Belastung wirkenden Spannung (T-Spannung), zu einer Rissdrehung in der Struktur führt. Diese T-Spannung resultiert aus einer nicht linearen Reaktion des Flugzeugrumpfes auf den Innendruck. Der Riss wird aus seiner ursprünglichen Richtung senkrecht zur äußeren Belastung abgelenkt [7].

Eine Sonderstellung bei der Ermüdungsrissausbreitung in Integralstrukturen nehmen geschweißte Verbindungen ein. Das Gefüge und die chemische Zusammensetzung der Laserschweißnaht entsprechen nicht mehr dem des Grundwerkstoffs. Bedingt durch das Undermatching tritt zudem eine Verformungslokalisierung in der Schweißnaht auf [57]. Offen bleibt damit die Frage, ob durch Kombination des Rissmode I und dem Vorhandensein einer T-Spannung trotz Undermatching der Schweißverbindungen eine Risslenkung möglich ist. Von dem verwendeten Werkstoff wird sowohl ein möglichst hoher Widerstand gegen zyklische Rissausbreitung als auch gegenüber statischer Belastung (Restfestigkeit) gefordert. Für einen moderaten Rissfortschritt unter zyklischer Belastung sollte die Struktur einen möglichst geringen Versteifungsgrad aufweisen, um ein ähnliches Rissverhalten zu zeigen, wie es vom ebenen Blech bekannt ist. Gleichzeitig bietet sich ein sehr hoher Versteifungsgrad an, um die Restfestigkeit der Struktur zu verbessern.

Für das Ermüdungsverhalten angerissener geschweißter Strukturen ergeben sich Nachteile, da ein Riss in der Außenhaut bei Erreichen des Versteifungselements dieses unmittelbar schädigt. Diese Eigenschaft kann einerseits durch die Nutzung einer geeigneten Sockelgeometrie abgemindert werden; das Risswachstum wird begrenzt [58]. Eine gleichzeitige Schädigung beider Stringerfüße durch den Riss kann nicht stattfinden, da zunächst nur die risszugewandte Seite geschädigt wird. Der zweite, intakte Stringerfuß würde weiterhin die Versteifung der Struktur übernehmen. Das Verhalten der Struktur wird damit toleranter gegenüber der zyklischen Rissausbreitung, wodurch die Lebensdauer verbessert werden kann [58]. Ein weiterer Vorteil den diese Bauweise bietet, ist die Verbesserung des Schub-Druck-Verhaltens der Struktur aufgrund eines erhöhten Flächenträgheitsmoments des Versteifungsprofils [59]. Die Verbesserung des Versteifungselements ist auch Inhalt eines Patents [60], in dem die Verstärkung des Stringers durch hochfeste Doppler, die auf die Versteifungselemente aufgeklebt werden oder Stäbe mit hoher Zugfestigkeit, die in den Querschnitt des Versteifungselements integriert werden. Der Stringer kann dadurch eine höhere Last aufnehmen und bei angerissenen Strukturen zu einer Rissverzögerung beitragen.

Einfluss auf die Rissausbreitung hat auch die Wirkung von variablen Belastungen. Dies wurde im Rahmen einer Forschungsarbeit über das Rissausbreitungsverhalten im Flugzeugrumpf beschrieben [61]. Grundlage waren experimentelle Versuche mit unterschiedlichen Lastwechseln und realen Betriebsbelastungen. Es zeigt sich, dass Überlasten zu einer Verzögerung des Risswachstums im Grundwerkstoff führen und aufeinander folgende Überlasten mit steigender Anzahl, bis zum Erreichen einer Sättigungszahl, den Effekt verstärken. Die Verzögerung der Rissfortschrittsgeschwindigkeit ist abhängig von dem Verhältnis der Überlast zur Grundlast, vom Spannungsniveau und den überlagerten Rissöffnungsanteilen. Wird das Lastniveau über einen längeren Zeitraum angehoben oder gesenkt, findet eine Beschleunigung beziehungsweise Verringerung der Rissfortschrittsgeschwindigkeit statt [57],[61]. Diese Blocklasten sind für numerische Simulationsmethoden sehr wichtig, da sie reale Bedingungen am besten beschreiben. Ungeklärt ist die Wirkung von Blocklasten in rissbehafteten Undermatching-Schweißverbindungen.

Ein Weg zur Reduzierung der Rissfortschrittsrate in Integralstrukturen wird in [62] vorgestellt. Darin wird ein neues Designkonzept aufgezeigt, welches lokale Querschnittsvergrößerungen in der Außenhaut so genannte „crenellations" aufweist. Diese sind zwischen benachbarten Stringern beziehungsweise im Querschnitt des Stringers angeordnet und ermöglichen eine Verlängerung der Lebensdauer im Vergleich zu einer Integralstruktur mit konventionellem Aufbau. Dabei ist die Art der Belastung auf die erzielbare Lebensdauer nicht ausschlaggebend. Sie kann mit konstanter Amplitude oder in Lastkollektiven erfolgen. Der Rissfortschritt wird in beiden Fällen reduziert. Diese Methode bietet auch den Vorteil, das Bauteildesign auf das Belastungsspektrum anpassen zu können und dadurch die Lebensdauer zu verlängern. Ist die Struktur optimal auf die Belastung abgestimmt, kann ein Beitrag zur Gewichtsreduzierung geleistet werden.

2.3.3 Methoden zur Bewertung der Schadenstoleranz

Bruchmechanische Methoden zur Bewertung der Schadenstoleranz von Bauteilen sind die Linear-Elastische Bruchmechanik (LEBM) und die Fließbruchmechanik (FBM). Die Fließbruchmechanik erfasst ausgedehnte Fließbereiche vor der Rissspitze und wird hauptsächlich zur Beschreibung des Bauteilversagens mit plastischer Verformung vor dem Bruch angewendet. Die LEBM geht davon aus, dass Werkstoffe bis zum Bruch eine linear-elastische Verformung aufweisen. Da technische Werkstoffe aber kein ideal sprödes Verhalten besitzen, ist eine plastische Zone an der Rissspitze aufgrund der dort auftretenden Spannungskonzentration zulässig. Die Gültigkeit des Konzepts ist dann gegeben, wenn diese plastische Zone gegenüber der restlichen Probengröße sehr klein ist [63].

Für eine rissbehaftete Struktur gibt es drei Arten der Belastung, die zu einer Rissöffnung führen. Befindet sich ein Riss in Längsrichtung des Flugzeugrumpfes, bewirkt die Umfangsspannung eine Zugbelastung der Rissufer, die sich dann voneinander abheben können. Diese Art der Rissöffnung wird durch den Rissöffnungsmode I beschrieben. Die Intensität des Spannungsfeldes an der Rissspitze lässt sich durch den Spannungsintensitätsfaktor K_I abbilden. Neben dieser Art der Rissöffnung gibt es weitere Rissmoden, diese sind durch Scherbewegung in Längsrichtung (Mode II) und Scherbewegung in Querrichtung (Mode III) gekennzeichnet und können durch die Spannungsintensitätsfaktoren K_{II} und K_{III} erfasst werden, Bild 3.

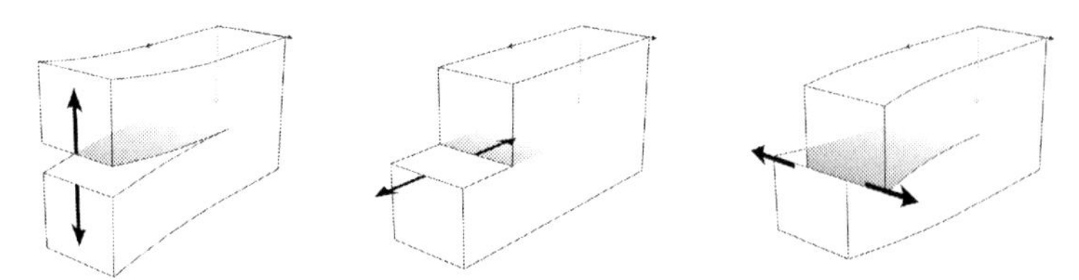

Bild 3 Rissöffnungsmoden: links: Mode I: Abheben der Rissufer verursacht durch Zugspannung, Mitte: Mode II: Scherbewegung in Längsrichtung des Bauteils, führt zum ebenen Abgleiten der Rissufer, rechts: Mode III: Scherbewegung in Querrichtung führt zum Verschieben der Rissufer quer zur verursachten Rissausbreitungsrichtung [63]

Die Beschreibung von bruchmechanischen Materialkennwerten in der LEBM erfolgt über den Zusammenhang der Rissfortschrittsgeschwindigkeit und des Spannungsintensitätsfaktors, Bild 4.

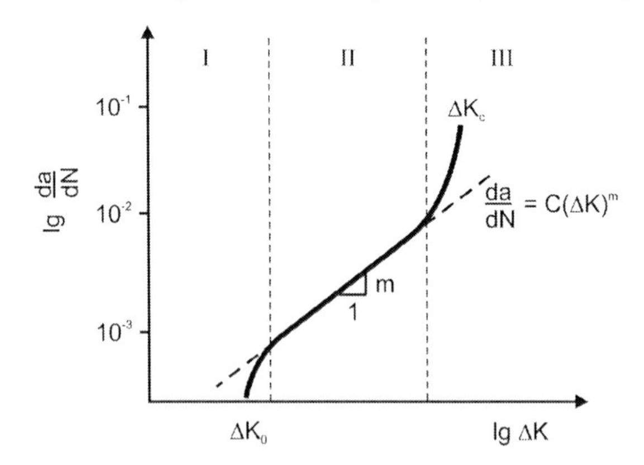

Bild 4 Risswachstumsgeschwindigkeit in Abhängigkeit von dem Spannungsintensitätsfaktor, Bereich I: sehr niedrige Rissfortschrittsgeschwindigkeit (großer Einfluss von Mikrostruktur, Belastung und chemischen Prüfbedingungen), Bereich II: mittlere Rissfortschrittsgeschwindigkeit (unabhängig von der Mikrostruktur) und Bereich III: sehr hohe (abhängig von Mikrostruktur, Bauteileigenschaften) Rissfortschrittsgeschwindigkeit [64],[63],[65],[66],[51]

Für die Beschreibung des Werkstoffs ist der lineare Teilabschnitt, beschrieben durch die Paris-Erdogan-Gleichung (Bereich II), wichtig. Der Exponent „m" und der Vorfaktor „C" beschreiben den Widerstand des untersuchten Werkstoffes gegenüber Ermüdungsrisswachstum [67].

Üblicherweise wird zur Ermittlung des Spannungsintensitätsfaktors K einer endlich großen, ebenen Probe folgende Beziehung verwendet:

$$\Delta K = \Delta\sigma(\pi a)^{\frac{1}{2}} f$$ Gl. 1 [63]

$\Delta\sigma = \sigma_0 - \sigma_u$ Schwingbreite; σ_o Oberspannung; σ_u Unterspannung
$\Delta K = K_{max} - K_{min}$ Schwingungsbreite des Spannungsintensitätsfaktors
f bauteil- und rissabhängige Korrektur / Geometriefunktion

Der Faktor f wird in Tabellenbüchern angeben und ist abhängig von den geometrischen Abmessungen des zu prüfenden Bauteils und der vorliegenden Rissgeometrie [66],[51].

Die bruchmechanische Bewertung von Schweißnähten unter Anwendung verschiedener Konzepte ist durch das DVS-Merkblatt 2401 [57] beschrieben und berücksichtigt den Einfluss von Unregelmäßigkeiten in Fügeverbindungen. Dieses DVS-Merkblatt fasst verschiedene Normen, Vorschriften und Standards zur bruchmechanischen Bewertung von Bauteilen zusammen [57], [68],[69],[70]. Es werden Verfahrenswege zur Ermittlung bruchmechanischer Kennwerte in Abhängigkeit von den jeweiligen Festigkeitseigenschaften der Schweißverbindungen beschrieben. Festzuhalten ist für Undermatching-Schweißverbindungen, dass Risse im Schweißgut nachteilig sind und mit hinreichend hoher Wahrscheinlichkeit aufgefunden werden müssen [57].

Einen weiteren sehr großen Forschungsumfang nehmen bruchmechanische Untersuchungen von Haut-Haut-Verbindungen ein [54],[77],[76],[71],[72],[73],[74],[62],[75]. Ziel numerischer Untersuchungen ist eine konservative Abschätzung der Rissfortschrittsrate, die genau genug arbeitet, um Bauteile nach ökonomisch sinnvollen Zeiträumen, das heißt mit größtmöglicher Lebensdauer, zu tauschen [61]. Für die numerische Bewertung der Rissausbreitung im Grundwerkstoff stehen spezielle Simulationswerkzeuge zur Verfügung. Die von der NASA entwickelten Programme heißen „NASGRO" und „AFGROW". Grundlage dieser Programme sind Berechnungsmodelle und experimentelle Daten. Anwendbar sind diese Simulationswerkzeuge auf verschiedene technische Bauteilgeometrien und Belastungsvorgaben für klassische Grundwerkstoffe, die in der Luftfahrt Anwendung finden. Nicht berücksichtigt wird die unterschiedliche Festigkeit zwischen Grundwerkstoff und Schweißgut. Diese können nur durch Korrekturfaktoren aus experimentellen Daten angepasst werden.

Das Bauteil muss bei Erreichen einer maximal zulässigen Risslänge eine Restfestigkeit besitzen, bei der sichergestellt ist, dass die Struktur den auftretenden Beanspruchungen („limit loads") ohne Versagen standhält. Zur Beschreibung dieser Eigenschaft kann die Risswiderstandskurve genutzt werden. Durch die statische Belastung der Probe bildet sich an der Rissspitze eine plastische Zone aus. Infolge dessen reagiert der Werkstoff auf die äußere Belastung mit zunehmender Verfestigung. Der Riss wächst bis zum Erreichen einer kritischen Risslänge stabil. Danach versagt die Probe durch eine schlagartige, instabile Rissausbreitung.

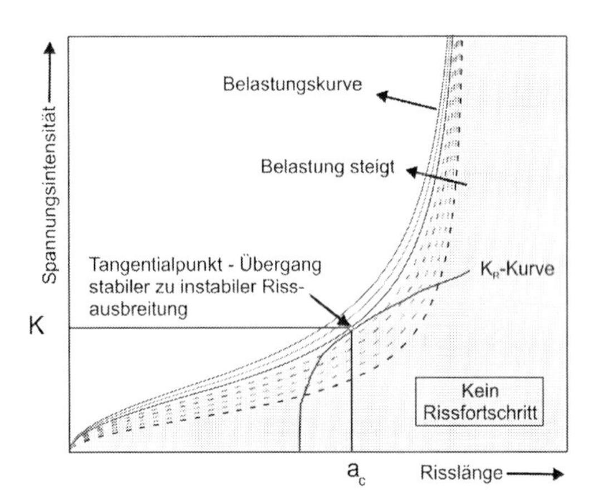

Bild 5 Zusammenhang zwischen Belastungskurve und Risswiderstandskurve (R-Kurve) für unterschiedliche Belastungen zur Ermittlung des Werkstoffwiderstandes gegen instabile Rissausbreitung

Im Bild 5 ist der Zusammenhang zwischen Belastungskurve und Risswiderstandskurve (R-Kurve) für eine Probe mit endlicher Abmessung dargestellt. Ein stabiles Risswachstum liegt bei hinreichend hoher äußerer Belastung vor, solange die Belastungskurve flacher verläuft als die R-Kurve. Am Tangentialpunkt zwischen Belastungs- und R-Kurve kommt es zu instabiler Rissausbreitung [13],[63],[66]. Dieses Konzept der Bewertung kann insbesondere für Bauteile mit begrenzter Abmessung angewendet werden. Standardisiert ist die Vorgehensweise durch die ASTM-E-2472-06. Insbesondere für Proben mit geringer Dehnungsbehinderung in Dickenrichtung (low constraint) und endlichen Abmessungen ist damit eine Prüfvorschrift zur Ermittlung der Restfestigkeit gegeben. Ist die Struktur wie im Falle eines Flugzeugrumpfes sehr groß, relativiert sich der Zusammenhang zwischen Belastungs- und Risswiderstandskurve. Bei einer „unendlich" großen Struktur wird das Stadium der instabilen Rissausbreitung vermutlich nur dann erreicht, wenn eine Materialschädigung vorliegt, die zu einer unzulässigen Größe heranwächst (Mehrfachrisse).

Eine weitere Möglichkeit zur Bauteilbewertung ist die „SINTAP"-Prozedur (Structural Integrity Assessment Procedures), die in [76],[68] und anderen Arbeiten umfassend erläutert wird. Sie beschreibt eine Methode zur Fehlerbewertung in Bauteilen, die hinsichtlich Sprödbruch, Zähbruch und plastischem Kollaps beurteilt werden sollen [70]. Die SINTAP-Prozedur beinhaltet 6 Stufen, die je nach Kenntnis von Materialdaten für die Bauteilsicherheitsbewertung genutzt werden können [70]. Eine umfangreiche Darstellung der einzelnen Stufen sowie deren Eingangsgrößen wird in [70],[78] wiedergegeben. Das Konzept verfolgt „das Prinzip der abgestuften Konservativität", bezogen auf die Eingangsgrößen [79]. Sind die Materialdaten unvollständig oder in geringer Güte vorhanden, erfolgt die Bauteilbewertung sehr konservativ. Je besser die Qualität und je vollständiger die Materialdaten vorliegen, desto genauer erfolgt die Bauteilbewertung [79].

Einen erweiterten Ansatz der „SINTAP"-Prozedur nimmt die Arbeit von Seib [76] vor. Darin ist speziell für dünnwandige Strukturen, wie sie im Flugzeugbau vorliegen, ein verbesserter Ansatz zur Beschreibung der Restfestigkeit von geschweißten Undermatching-Verbindungen erarbeitet worden. Da insbesondere die 0,2%-Dehngrenze die Höhe der Restfestigkeit bestimmt, wird empfohlen, die lokal am Schweißgut bestimmten Festigkeitskennwerte zu nutzen. Wird statt der lokalen Kennwerte die Verbindungsfestigkeit genutzt, besteht die Gefahr, die Restfestigkeit zu überschätzen. Der Einfluss der Schweißgutbreite auf das Berechnungsergebnis der Restfestigkeit ist dagegen wesentlich geringer. Die verbesserte Prozedur wurde für FSW- und LBW-geschweißte sowie für versteifte Panels eingesetzt. Die Berechnung der Restfestigkeit ergibt hinreichend konservative Werte, verglichen mit experimentell ermittelten Daten. Auch bei diesem Ansatz bestimmt die Qualität der Ausgangsdaten die Vorhersagegenauigkeit der Bauteilsicherheit. So konnte gezeigt werden, dass bei Nutzung der „SINTAP"-Niveaus 1 und 3 eine ausreichend gute, konservative Vorhersage der Restfestigkeit von geschweißten Panels gemacht werden kann. Die notwendigen Eingangsgrößen sind dabei die 0,2%-Dehngrenze und die Zugfestigkeit für das Niveau 1 und die wahre Spannungs-Dehnungskurve und der Risswiderstand (δ_5 und K_J) für das Niveau 3. Diese Vorhersagemethode ist begrenzt auf die Beschreibung der statischen Festigkeit des rissbehafteten Bauteils und gültig für Linearschweißnähte.

Neben der „SINTAP"-Prozedur gibt es weitere Methoden, mit denen eine Bauteilbewertung von Proben mit geringer Dehnungsbehinderung (dünne Bleche) abgeschätzt werden kann. Eine sehr umfassende Prozedur ist die „Engineering Flaw Assessment Method" EFAM. Sie gliedert sich in experimentelle beziehungsweise analytische Bewertungsmethoden. Im Folgenden soll näher auf das experimentelle Konzept, die EFAM GTP eingegangen werden. Diese bezieht sich auf die bruchmechanische Prüfung homogener Werkstoffe unter statischer Belastung. Die Bauteilbewertung erfolgt vornehmlich durch die Risswiderstandskurve und die Verschiebungsanalyse an der Rissspitze δ_5. Dazu können verschiedene Probengeometrien herangezogen werden. Zu nennen sind die Mittenrissproben (M(T)), die 4-Punkt-Biegeprobe (SE(B)), und die Compact-Tension-Probe (C(T)). Mit Hilfe solcher Proben wird entweder die Spannungsintensität (K), die Rissspitzenverschiebung (Crack Tip Opening Displacement, δ_5), der Rissöffnungswinkel (Crack Tip Opening Angle, Ψ) oder die Energierate (Rate of dissipated energy, R) bestimmt. Die Auswertung der Messdaten erfolgt nach festgelegten Berechungsvorschriften [57],[78],[79],[80]. Diese Methode wurde optimiert für die ingenieurtechnische Ermittlung von bruchmechanischen Kennwerten an dünnen Blechen. Die Werkstoffdaten sind auch für die vorher genannte Prozedur „SINTAP" nutzbar [80]. Neben den bereits erwähnten Programmen zur Abschätzung der Restfestigkeit von versteiften und unversteiften Panels gibt es unter anderem eine Reihe weiterer Ansätze mit numerischem oder analytischem Hintergrund. Die bekanntesten Modelle sind das „Cohesive Zone"- und „Ductile Damage"-Modell [81],[82].

Allen Prozeduren gemeinsam ist, dass sie sich ausschließlich mit der statischen Restfestigkeit befassen. Die geringe Bruchzähigkeit des Schweißgutes, durch die der Einsatz einer Haut-Haut-Verbindung gefährdet wird, lässt sich mit diesen Prozeduren abbilden. Diese Methoden sind insbesondere dann wertvoll, wenn geschädigte Bauteilen hinsichtlich des weiteren Einsatzes zu bewerten sind, um einen sicheren Betrieb zu gewährleistet. Lösungsvorschläge für die Verbesserung des Schadenstoleranzverhaltens von Haut-Haut-Verbindungen leiten sich daraus nicht ab.

2.4 Laserstrahlschweißen von Aluminium im Flugzeugbau

Die Technologie des Laserstrahlschweißens konnte bereits in vielen Anwendungen des Stahl-, Schiffs-, Automobil- und Getriebebaus erfolgreich zeigen, welche Möglichkeit zur Steigerung der Effizienz in der Fertigung besteht und welches Leichtbaupotenzial, selbst bei hoch belasteten Bauteilen und Konstruktionen umsetzbar ist, siehe zum Beispiel [83],[84],[85]. Der Einsatz des Laserstrahlschweißens im Flugzeugbau stellt gleichzeitig die Spitze der Entwicklung dar und zeigt die Flexibilität des Verfahrens.

Die Anwendbarkeit des Laserstrahlschweißens profitiert von der guten Schweißbarkeit hochfester Aluminium-Legierungen. Die Kombination von Werkstoffen mit hoher spezifischer Festigkeit, zum Beispiel der Legierung 6013, mit der Integralbauweise steigert die Attraktivität des metallischen Flugzeugrumpfes. Der CO_2-Laser, insbesondere in der Slab-Bauweise, wie er zum Beispiel von der Firma ROFIN (DC-Serie) angeboten wird, wurde von Airbus für die Fertigung im Flugzeugrumpf qualifiziert. Das beidseitig gleichzeitige Laserstrahlschweißen für die Stringer-Haut-Verbindung erfordert nicht nur höchste Präzision für die verwendete Maschinentechnik, sondern setzt auch hohe Ansprüche an die Technologie des Schweißprozesses. Die Vor- und Nachteile dieses CO_2-

Laserstrahlschweißprozesses sind in Tabelle 2 zusammengefasst. Zu den Vorteilen gehören wirtschaftliche Gesichtspunkte ebenso, wie die hervorragende Automatisierbarkeit des Verfahrens [2],[3],[11],[21],[12],[18],[86].

Tabelle 2 Vor- und Nachteile des Laserstrahlschweißens für den Flugzeugbau im Vergleich zum Nieten

Laserstrahlschweißen – laser beam welding – LBW	
Vorteile: • geringe Bauteilverformung gegenüber anderen Schweißverfahren • hohe Schweißgeschwindigkeit • gute mechanische Eigenschaften • Variation der Stoßgeometrien • berührungsloses Fügeverfahren • lokal begrenzte Wärmeeinbringung • Möglichkeit metallurgischer Einflussnahme (Zusatzwerkstoff)	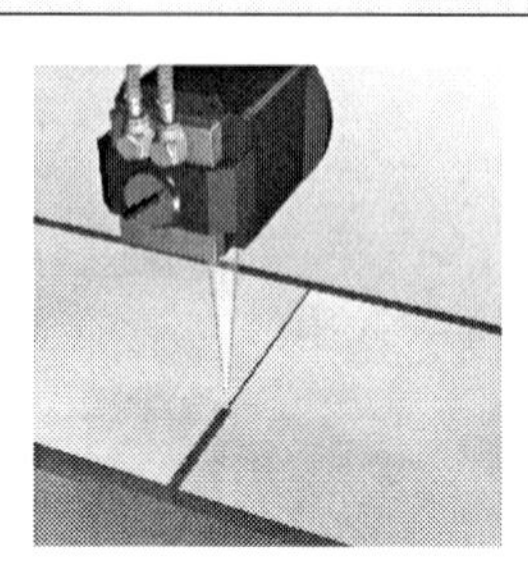
Nachteile: • hohe Einrichtzeit / -aufwand • Erzeugung einer Schmelzphase • schnellerstarrtes Gefüge im Schweißgut • Zufuhr von Schutzgasen • Zerstörung des optimalen Aushärtungszustandes • geringe Toleranzen zulässig • zerstörungsfreie Prüfung aufwändig	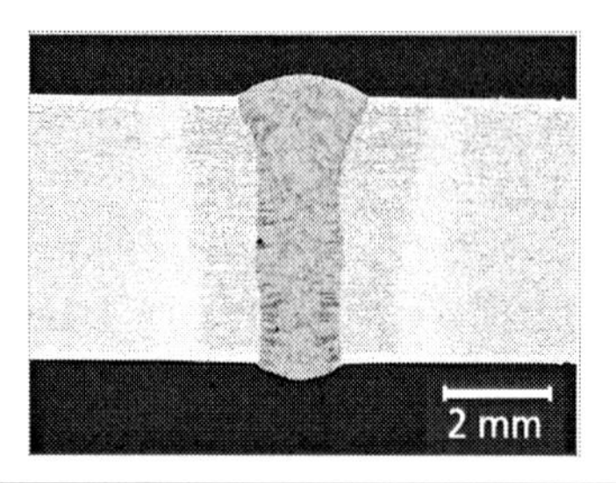

2.4.1 Besonderheiten beim Laserstrahlschweißen von Aluminium

Aufgrund des sehr dynamischen Prozesses, der beim Kontakt des Laserstrahls mit dem Bauteil vorliegt, sind Unregelmäßigkeiten in der Schweißnaht durchaus vorhanden. Darunter sind Abweichungen vom Sollzustand beziehungsweise vom zulässigen Grenzwert zu verstehen. Sie entstehen in Schweißverbindungen unter anderem durch Prozessinstabilitäten und unzureichende Vorbereitung der Fügestelle. Unterschieden wird in äußere (Einbrandkerben, Wurzeldurchhang usw.) und innere (Poren, Risse, Schmelzbadauswürfe, Einschlüsse) Unregelmäßigkeiten. Die Grenze, ab wann von einem Fehler gesprochen wird, ist abhängig von der Auflösungsgröße des verwendeten zerstörungsfreien Prüfverfahrens [87],[57],[88] und der entsprechenden Normen, zum Beispiel [DIN EN ISO 6520-1]. Für Aluminiumlegierungen typisch sind Poren, Risse, Auswürfe und Einbrandkerben, die aus den Besonderheiten der Legierung und der Wechselwirkung mit dem Laserstrahl resultieren, Tabelle 3.

Die genannten Unregelmäßigkeiten können durch Wahl geeigneter Parameter beim Laserstrahlschweißen minimiert, meist aber nicht vollständig ausgeschlossen werden [18]. Zur Charakterisierung der Fehler wurden abhängig von der späteren Bauteilbeanspruchung so genannte Bewertungsgruppen definiert [88]. Dazu wird die Schweißverbindung entsprechend der Norm [DIN EN ISO 13919-2] durch geeignete zerstörungsfreie Prüfmethoden (Röntgen, Ultraschall und Farbeindringprüfung) charakterisiert und in die vorgegebenen Bewertungsgruppen eingeteilt. Dies kann je nach Einsatzgebiet des Bauteils auch zu einem Ausschluss für den weiteren Einsatz führen.

Tabelle 3 Besonderheiten von Aluminium beim Laserstrahlschweißen, Verknüpfung von Ursache und Wirkung

Laserstrahlschweißbarkeit von Aluminium (allgemein)	
Besonderheit	*Wirkung*
sehr geringe Schmelzbadviskosität	starke Schmelzbadturbulenzen, lokale Keyhole-Instabilität
großer Löslichkeitssprung für Gase bei Schmelztemperatur	Poren im Schweißgut (zum Beispiel Wasserstoffporen)
niedrige Verdampfungstemperatur und hohe Sauerstoffaffinität der Legierungselemente (zum Beispiel Mg)	Verarmung an Legierungselementen
Mehrphasigkeit aller technisch interessanten Al-Legierungen	Heißrissbildung
großes Schmelzintervall der Legierungen	Heißrissbildung, mehrphasige Erstarrung
hohe Schmelztemperatur des Aluminiumoxids	unregelmäßige Nahtwurzelausbildung
sehr hohe Wärmeleitfähigkeit	breite Wärmeeinflusszone, ggf. Bauteilverzug

Laserstrahlschweißbarkeit von Aluminium (luftfahrtspezifisch)	
Besonderheit	*Wirkung*
hochlegierte Werkstoffe (Mg, Cu, Li, Sc, Ti)	Legierungsabbrand, Möglichkeit der Heißrissbildung
sehr hohe Wärmeleitfähigkeit	Bauteilverzug, hoher Einspanngrad Rissbildung am Schweißnahtanfang
Auflösung des hochgezüchteten Ausscheidungs- und Walzzustandes des Grundwerkstoffes	hohes Undermatching (starker Festigkeitsunterschied zwischen Schweißgut und Grundwerkstoff), Aufhebung des Eigenschaftsprofils durch Übergang fest/flüssig

Poren

Poren im Schweißgut sind definitionsgemäß mit Gas gefüllte Hohlräume [87]. Sie zählen zu den häufigsten Fehlern in Schweißverbindungen. Poren können zum Beispiel durch sprunghafte Abnahme der Löslichkeit von Gasen in der Schmelze gebildet werden. Charakteristisch dafür ist die Löslichkeit des Elements Wasserstoff in Aluminium, welche in der Schmelze sehr hoch und im erstarrten Zustand sehr gering ist [89],[90]. Ein Weg, die Porenhäufigkeit mittels schweißtechnischer Methoden zu reduzieren, ist die optische Formung des Laserstrahls. Statt des üblichen Monospots (Einstrahl) kann ein Twinspot (Doppelstrahl) eingesetzt werden, was bei geeigneter Strahlanordnung, zum Beispiel in Schweißrichtung hintereinander, die Schweißnahtqualität verbessert. Häufig führen falsche Schweißparameter zu einer unerwünschten Wechselwirkung mit dem Werkstoff. Im Ergebnis entstehen so genannte Prozessporen. Zu finden ist diese Art von Poren oft in der unteren Hälfte der Schweißnaht. Literaturdaten zur Folge kann durch Erhöhung der Strahlqualität und der Schweißgeschwindigkeit eine deutliche Verringerung dieser Unregelmäßigkeit erreicht werden [86]. Unabhängig von der gewählten Schweißtechnik übt das verwendete Schutzgas einen weiteren Effekt auf das Schmelzbad aus. Als Beispiel wird Stickstoff angegeben, der die Marangoni-Strömung umkehrt und dadurch die Prozessporen im Schweißgut vermindert [91],[92]. Der Nachteil dieser Methode ist die Reaktion des Schutzgases mit der Aluminiumschmelze, wodurch Al-Nitrid entstehen kann.

Risse

Risse sind wesentlich schwieriger zur erkennen und zu bekämpfen als Poren. Generell handelt es sich um Materialtrennungen im Gefüge, die in Heiß- und Kaltrisse unterschieden werden. Definitionsgemäß entstehen Heißrisse während der Abkühlung der Schmelze, das heißt im Übergang flüssig / fest. Erst nach der Erstarrung besteht die Gefahr der Kaltrissbildung. Diese wird meist durch Schrumpfspannungen des geschweißten Bauteils hervorgerufen [DIN EN ISO 6520-1]. Abhilfe kann eine geeignete Temperaturführung im Bauteil während der Abkühlung schaffen, die dazu beiträgt, Schrumpfspannungen zu reduzieren. Insbesondere das Laserstrahlschweißen verringert die thermische Belastung der Bauteile durch den lokal begrenzten Wärmeeintrag beachtlich, wodurch zum Beispiel Schrumpfspannungen reduziert werden können. Kritisch für laserstrahlgeschweißte Aluminium-Verbindungen ist die Gefahr der Heißrissbildung. Metallurgisch verantwortlich sind niedrig schmelzende Phasen, die zum Beispiel mit dem Legierungselement Silizium (zum Beispiel Mg_2Si) gebildet werden können [93],[94]. Unterschieden werden zwei Arten von Heißrissen: die Erstarrungsrisse, diese entstehen während der Abkühlung der Schmelze und Aufschmelzrisse, die in der Wärmeeinflusszone gebildet werden [20],[89],[90]. Kritisch wirken sich Aufschmelzrisse dann aus, wenn die äußeren Beanspruchungen senkrecht zur Rissebene wirken und so der Riss schrittweise geöffnet werden kann [95],[57]. Neuere Untersuchungen an schwefelhaltigen Stahlwerkstoffen ergaben, dass durch gezielte thermische Beeinflussung der Schweißnaht mittels induktiver Energieeinbringung das Heißrissrisiko ohne Verwendung metallurgischer Lösungsansätze gravierend abgesenkt werden kann [95]. Aussagen zur Übertragbarkeit auf Aluminiumlegierungen werden in der Arbeit nicht gegeben. Als wesentlicher Unterschied zum Stahl kann die ca. 4-fach größere Wärmeleitfähigkeit von Aluminium (α_T ca. 234 $Wm^{-1}K^{-1}$) genannt werden, die vermutlich eine direkte Übertragung der beim Stahl ermittelten Ergebnisse auf die hier untersuchte Aluminium-Haut-Haut-Verbindung einschränkt. In [96] wurde ein Lösungsansatz untersucht, bei dem durch paralleles Walzen neben dem Schweißprozess Druckspannungen in die Schweißnaht induziert werden, die der Heißrissbildung entgegen wirken sollen. Für die Untersuchungen an der Legierung 2024 wurden die notwendigen Druckkräfte zwischen 0 kN und 10 kN variiert. Das Resultat war eine vollständig rissfreie Probe bei der höchsten Walzkraft. Darüber hinaus erbrachte der Vergleich der mechanischen Eigenschaften Vorteile für die Proben, die mit dem mechanisch unterstützen Verfahren geschweißt wurden. Eine Übertragung auf die in dieser Arbeit untersuchten Schweißnahtgeometrien ist kritisch zu betrachten, da die in der Quelle durchgeführten Experimente konventionell geschweißt wurden, das heißt die gewählte Schweißgeschwindigkeit lag bei ca. 0,26 m/min. Bezogen auf einen Laserschweißprozess, der mit mindestens 10-fach höherer Geschwindigkeit abläuft, bleibt zu hinterfragen, ob das beschriebene Verfahren anwendbar ist.

Schmelzbadauswürfe

Schmelzbadauswürfe zählen neben Rissen zu den gravierenden Fehlern in Schweißnähten. Im schlimmsten Fall findet sich ein Loch in der Schweißnaht, das durch eine Reparaturschweißung beseitigt werden muss. In der Literatur gibt es eine Vielzahl von Veröffentlichungen, die entweder durch experimentelle Arbeiten oder durch Simulationsverfahren zum Verständnis beziehungsweise zur Ursachenforschung bezüglich der Bildung von Schmelzbadauswürfen beigetragen haben (siehe [93] und Literaturangaben aus Tabelle 4).

Tabelle 4 Literaturübersicht zur Ursache von Schmelzbadauswürfen und deren Auswirkung auf den Schweißprozess

Übersicht von Schmelzbadauswürfen in Schweißverbindungen		Lit.
Ursache	*Wirkung*	*[/]*
Höhe der Plasmatemperaturen	CO_2-Laserplasmatemperatur ca. 5 mal höher als Nd:YAG Plasmatemperatur, Nd:YAG Prozess ist stabiler	[97]
schwankende Intensitätsverteilung des Laserstrahls	instabile Intensitätsverteilung führt zur Druckschwankung in der Kapillare, Porenbildung die bei Druckanstieg zum Auswurf der Schmelze führt	[98]
Position der Fokuslage	Schweißen mit CO_2-Laser, positive Fokuslage bezogen zur Blechoberfläche führt zu deutlich reduzierter Auswurfwahrscheinlichkeit als bei negativer Fokuslage	[99], [94]
Strahltechnik / -anordnung	drastische Reduzierung der Schmelzbadauswürfe durch Zweistrahltechnik statt Monospot, ähnlich gute Erfahrungen mit astigmatischem Strahl (elliptische Form)	[94], [100]
drahtförmiger Zusatzwerkstoff	Drahtzufuhr wirkt stabilisierend auf Leistungs- und Intensitätsschwankung des Lasers	[91]
Viskosität	geringe Viskosität der Al-Schmelze und große Schmelzintervalle ($T_{liquidus}$ bis $T_{solidus}$) der Legierung, überhitzte Schmelze, Turbulenzen in der Schmelzbadbewegung führen zu Instabilitäten, die in Schmelzbadauswürfen sichtbar werden	[90]
instabile Plasmatemperatur	Änderung des wirksamen Fokusdurchmessers, instabile Tiefschweißwirkung, Kapillarverschluss verbunden mit einer Hohlraumbildung beziehungsweise bei großem Druckanstieg, der mit einem Schmelzbadauswurf einher geht	[97]
Strahlqualität	je höher die Strahlqualität, desto besser die Fokussierbarkeit, umso besser die stabile Wechselwirkung mit dem hochreflektierenden Aluminiumwerkstoff	[101]

2.4.2 Entwicklungsstand neuer Fügetechnologien

Das Rührreibschweißen (FSW – friction stir welding), patentiert durch das TWI (The Welding Institut) [102], stellt die aktuellste Entwicklung der Fügeverfahren im Flugzeugbau dar. In Tabelle 5 sind die wesentlichen Vor- und Nachtteile des Verfahrens gegenübergestellt. Seit der Patentierung und industriellen Einführung des Verfahrens fand ein enormer Entwicklungsschub statt. Die Prozessführung wurde ständig verbessert, um die Fertigungseffizienz zu erhöhen (siehe zum Beispiel [103]). Viele Entwicklungen haben das Ziel, prozessbedingte Fehler in ihrer Entstehung zu analysieren, um Ansätze zu deren Vermeidung zu entwickeln. Dazu wurden sowohl die Prozessparameter ständig verbessert, als auch deren Auswirkungen auf die Verbindungseigenschaften werkstofftechnisch charakterisiert [104],[105],[106]. Dies umfasst die Kenntnis der optimalen Prozesstemperatur, der Rotationsgeschwindigkeit des Arbeitswerkzeugs und Form und Gestalt des so genannten Pins, der mit dem Werkstoff in Kontakt tritt. Zu typischen Prozessfehlern zählt die ungenügende Durchschweißung aufgrund des fehlenden Kontakts zwischen dem Schweißwerkzeug (Pin) und der Auflage (so genanntes „backing“) unterhalb der Schweißverbindung. Sie wird auch als „lack of penetration“ bezeichnet. Zur Vermeidung dieser Fehlerart und zur weiteren Vereinfachung der Prozessführung wurde das so genannte „Bobbin Tool“ entwickelt, bei dem das backing in Form einer am Schweißwerkzeug integrierten Platte (low shoulder) ersetzt wird [107],[108]. Durch das Bobbin Tool oder auch „selbstführendes“ Werkzeug (Self-Reacting Tool – SRT [109]) genannt, wird die bisher notwendige Druckkomponente in Z-Richtung vermieden. Das heißt, die Führung der Z-Achse kann quasi kraftfrei umgesetzt werden. Daraus resultiert eine Vereinfachung der Spannvorrichtung sowie die Möglichkeit, zum Beispiel Hohlprofile zu verschweißen [110],[111],[112]. Als industrielle Anwendung wird die Fertigung des Kleinflugzeugs „Eclipse 500" angegeben. Hier wurde erstmals die Fertigung von Aluminiumbauteilen im Flugzeugbau umgesetzt [21].

Tabelle 5 Vor- und Nachteile des Rührreibschweißens für den Flugzeugbau im Vergleich zum Nieten

Rührreibschweißen - friction stir welding – FSW	
Vorteile: • gute mechanische Eigenschaften • kaum Porosität • keine Spritzer • Variation der Stoßgeometrien • kein Schweißzusatzwerkstoff • kein Schutzgas	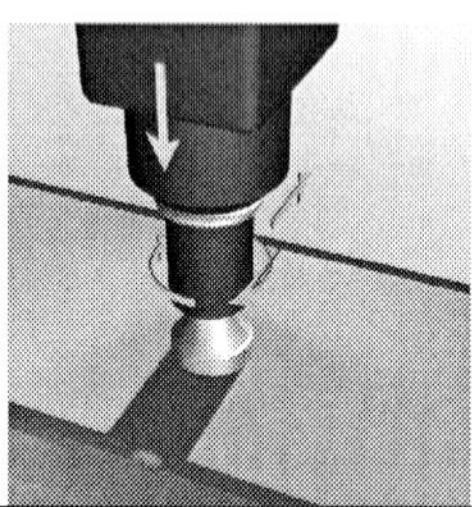
Nachteile: • hohe Probenaufspannkräfte • definierte Nahtabstützung (backing) nötig • Materialfehlstelle am Schweißnahtende • Al-plattierte Bleche schwierig schweißbar • geringe Schweißgeschwindigkeit • Kontakt zwischen Werkstück und Schweißwerkzeug • große mechanische Bauteilbelastung • Verzug	 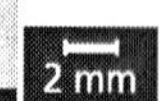

Eine Vereinfachung der Bauteilfertigung mittels Rührreibschweißverfahren wird durch die Nutzung der Robotertechnik ermöglicht, wodurch die räumliche Flexibilität von Rührreibschweißanlagen erweitert wird. Bisher sind Rührreibschweißanlagen meist nach dem Prinzip einer Fräsmaschine aufgebaut, deren Steifigkeit ausreicht, entsprechende Kräfte aus dem Prozess aufzunehmen [113]. In [114] wird eine Roboteranlage genutzt, die Prozesskräfte bis zu 10 kN aufbringen kann. Die Flexibilität des Roboters erweitert die bisher auf lineare Anwendungen begrenzten Nahtgeometrien und ermöglicht die Fertigung komplexerer Bauteile.

Entwicklung neuer Laserstrahlquellen

Eine rasante Entwicklung findet derzeit bei den Laserquellen statt. Zu nennen sind der Scheiben- beziehungsweise Faserlaser, die eine exzellente Strahlqualität und damit eine hohe Leistungsdichte aufweisen. Dadurch eröffnen sich neue Perspektiven für die Anpassung des Schweißprozesses an den Werkstoff [115],[116],[117]. Im Vergleich zu den bisherigen Grenzen kann der Fokusdurchmesser um fast eine Zehnerpotenz reduziert werden.

Ein vergleichender Überblick der Strahlquellen ist in Tabelle 6 zusammengefasst. Bekannte Vorteile des Laserstrahlschweißens werden durch diese Entwicklungen verstärkt, da noch schlankere Schweißnähte möglich sind, die zu einer weiteren Reduzierung des Bauteilverzugs beitragen können [116]. Insbesondere für große Strukturen, wie sie im Flugzeugbau üblich sind, ergeben sich Fertigungsvorteile durch den möglichen Wegfall des nachträglichen Richtprozesses. Dieser ist Bestandteil der bisherigen Fertigungskette beim CO_2-Laserstrahlschweißen von Stringer-Haut-Verbindungen und führt zu erhöhten Kosten [12].

Tabelle 6 Vergleich neuester Lasertechnik mit typischen Standardlaserquellen

	Prinzipskizze	max. Laserleistung	Strahlparameterprodukt	Optik		
		P_L	SPP	Kollimation, f_C Faserdurchmesser, D_F	Brennweite, f_B	Strahldurchmesser, d_f
	[/]	[W]	[mm*mrad]	[mm] / [µm]	[mm]	[µm]
konventionelle Laser						
Nd:YAG DY044		4400	12	200 / 600	200	600
					160	480
CO_2-Laser DC060		6000	3,5	-/-	200	200
neue Laser						
Faserlaser YLR 4000		4000	2,2	120 / 50	500	208
					300	125
					160	67
Scheibenlaser TruDisk 5001		5000	4,4	150 / 100	300	200
					500	333

Ein weiterer Gewinn der hohen Strahlqualität zeigt sich beim Tiefschweißen. Bisher war die Strahlqualität der Festkörperlaser unzureichend, um mit dem Laserstrahl große Blechdicken zu durchdringen. Mit einem lampengepumpten Stablaser (Nd:YAG) konnte mit ca. 4 kW Laserleistung bei einem Fokusdurchmesser von 300 µm, bei ca. 4 m/min Schweißgeschwindigkeit nur etwa 3 mm tief in Aluminium eingeschweißt werden. Mit dem Faserlaser YLR4000 (siehe Tabelle 6) sind hingegen bei gleicher Geschwindigkeit und einem Fokusdurchmesser von ca. 125 µm, 7 mm Einschweißtiefe möglich [118],[119]. Die hohe Präzision, die diese Strahlquellen ermöglichen, eröffnen zudem neue Felder für innovative Anwendungen. Die Herausforderung für die Fertigung liegt in den steigenden Anforderungen an die Bauteilpositionierung.

2.5 Haut-Haut-Verbindungen

Die Flugzeugrumpfstruktur wird üblicherweise in Längs- und Umfangsrichtung in Einzelsegmente unterteilt, die durch so genannte Haut-Haut-Verbindungen zu verbinden sind. Diese Schnittstellen werden üblicherweise durch 3- beziehungsweise 5- reihige Nietverbindungen zusammengesetzt. Die Art der Bauweise und der Nietreihenanordnung für Haut-Haut-Verbindungen richtet sich danach, ob an der Außenhaut ein stufenfreier Übergang, zum Beispiel aus aerodynamischen Gründen notwendig ist oder ob vereinfachend die Segmente im Überlapp ohne den Einsatz eines zusätzlichen Dopplers miteinander verbunden werden können.

Insbesondere die mehrreihige Nietverbindung stellt ein Risiko hinsichtlich Korrosion dar. Ein besonders hoch belasteter Bereich der Flugzeughaut ist der Übergang vom Cockpit zum Passagierabteil im Oberrumpf. Durch einen Zwischenfall 1988 mit einer Boeing 737-200 wurde diese Problematik eindrücklich belegt. Aus der Maschine wurde während des Fluges ein großes Segment aus dem Oberrumpf herausgerissen. Ursächlich für das Unglück waren Ermüdungsrisse, die aufgrund von Korrosion und extrem vielen Lastwechseln zu einer kritischen Größe heranwachsen konnten [120],[7]. Durch die Technologie des Laserstrahlschweißens entsteht eine stoffschlüssige Verbindung. Korrosionsvorgänge werden dadurch zumindest erschwert, können aber nicht ausgeschlossen werden.

Laserstrahlgeschweißte Stumpfstoßverbindungen, zu denen die in der Arbeit untersuchte Haut-Haut-Verbindung aus der Knetlegierung 6013 gehört, werden in nahezu allen ausgewerteten Forschungsberichten auf ihre mechanische Festigkeit untersucht (siehe zum Beispiel [20],[121], [122],[123]). Die Schweißprozesse zur Erzeugung dieser Verbindungen gelten als „weitgehend beherrscht"[20]. Typisch für aushärtbare Aluminiumlegierungen ist die geringere Festigkeit des Schweißgutes gegenüber dem Grundwerkstoff, das Undermatching. Die Höhe des Undermatching kann durch den Zusatzwerkstoff und die Wärmebehandlung der Schweißnaht beeinflusst werden [20],[124]. In der Arbeit von Meyer [20] wird die Schweißverbindung der Knetlegierungen 6013 mittels Mikrohärtemessung genauer charakterisiert. Die Mikrohärte im Schweißgut ist im Vergleich zum Grundwerkstoff wesentlich geringer und fällt im Bereich der Schmelzlinie weiter ab. Die Schmelzlinie wird deshalb „als stark lokalisierter Gefügebereich mit deutlich verringerter Härte" beschrieben [20]. Das Festigkeits-Undermatching in der Schweißnaht hat eine Dehnungslokalisierung zur Folge, die ihrerseits Auswirkungen auf die Schadenstoleranz hat. Die Schadenstoleranzeigenschaften von laser- beziehungsweise rührreibgeschweißten Haut-Haut-Verbindungen der Legierung 6013 sind gegenüber dem Grundwerkstoff geringer, insbesondere bei aushärtbaren Al-Legierungen [77]. Eine Verbesserung des Widerstandes gegen zyklische Rissausbreitung lässt sich durch nachträgliche Wärmebehandlung nicht erzielen, die Rissfortschrittsgeschwindigkeit nimmt im Gegenteil sogar zu [77] und verläuft ausschließlich in der Schweißnaht.

Für die Flugzeugaußenhaut im Unterrumpf wird unter anderem der Werkstoff 2024 für das Nieten und die Legierung 6013/6056 für das Laserstrahlschweißen verwendet. Beide Werkstoffe zählen zu den ausscheidungshärtbaren Aluminiumlegierungen, die entweder durch Kaltauslagern oder durch Warmauslagerung eine Festigkeitssteigerung erzielen. Üblicherweise kann bei einer Temperatur von ca. 190°C und einer Haltedauer von ca. 4 Stunden (Angaben für 6013) eine Festigkeitssteigerung von ca. 20 bis 25 % erzielt werden. Verantwortlich dafür sind bei dieser Legierung die im Mischkristall vorliegenden β-Phasen (Mg_2Si), die als fein verteilte Ausscheidungen in der Matrix vorliegen. Diese führen zum Beispiel bei Kaltverformung zu einer Behinderung der Versetzungsbewegung [125]. Für die Bildung der am Härtungsprozess beteiligten Ausscheidungen sind verschiedene Voraussetzungen nötig, welche zum Beispiel in [19] beschrieben sind. Zu nennen sind Legierungsbestandteile wie Cu, Mg und Si, deren Löslichkeit im Mischkristall mit sinkender Temperatur abnimmt.

Am Beispiel der Legierung 6013 wird durch Meyer [20] eine umfangreiche Gefügeanalyse für die Haut-Haut-Verbindungen gegeben. Darin ist der Einfluss der Energieeinbringung durch den Laserstrahl auf den Grundwerkstoff beschrieben. Dieser wird lokal in die schmelzflüssige Phase überführt. Zu diesem Zeitpunkt wird Schweißzusatzwerkstoff (SZW) der Schmelze zulegiert, wodurch sich deren chemische Zusammensetzung verändert. Als Folge der Energieeinbringung werden die Randbereiche neben der Schmelzzone in ihren Eigenschaften beeinflusst. Während im Schmelzbereich das Gefüge vollständig umgewandelt wird, entsteht im unmittelbar benachbarten Bereich die „Partially Melted Zone" (PMZ), die durch Korngrenzenanschmelzungen charakterisiert wird. Sie weist in Abhängigkeit von den verwendeten Schweißparametern eine Breite von ca. 0,1 bis 0,15 mm auf. Darüber hinaus bestimmt auch der Auslagerungszustand (T4 / T6) des Grundwerkstoffs vor dem Schweißprozess die tatsächliche Breite der Korngrenzenanschmelzung (PMZ). Ursache dafür sind Seigerungen entlang der Korngrenzen, deren Schmelzpunkt gegenüber dem Gefüge im Ausgangszustand deutlich reduziert ist [20]. Der Einfluss der thermischen Aktivierung reicht jedoch deutlich weiter in den Grundwerkstoff hinein. Es kommt zu einer Veränderung des Korninneren, in dem die so genannte dispersoidfreie Zone entsteht. Sie tritt nur auf der dem Schweißgut zugewandten Seite auf. Je nach Höhe des Energieeintrages ist dieser Bereich unterschiedlich breit [20].

Diesen werkstofftechnischen Einschränkungen von Schweißtechnologien stehen die enormen Vorteile gegenüber, die seitens der Fertigung zu erwarten sind. Eine Vielzahl aufeinander folgender Einzelschritte, die bei der Niettechnologie notwendig sind, könnte durch den Prozess des Laserstrahlschweißens entfallen. Sämtliche Dicht- und Korrosionsschutzmittel könnten hinsichtlich ihrer Notwendigkeit überprüft werden oder würden sogar vollständig entfallen. Eine Steigerung der Fügegeschwindigkeit würde die Durchlaufzeit verkürzen. Der Automatisierungsgrad könnte erhöht und der Materialeinsatz sowie die Anzahl der Einzelkomponenten stark minimiert werden.

2.5.1 Auswirkungen des Festigkeits-Undermatching

Das Festigkeits-Undermatching wird in seinen Auswirkungen sowohl für Schweißverbindungen aus Stahl als auch aus Aluminium durch numerische, analytische und experimentelle Arbeiten unter anderem in [126] beschrieben. Alle Veröffentlichungen verfolgen das Ziel, Ansätze zur Bewertung von geschweißten Bauteilen zu liefern, um zum Beispiel die Lebensdauer, die Betriebssicherheit oder die ertragbare Maximallast im angerissenen Zustand abzuschätzen und Lösungsvorschläge zur Verbesserung der Eigenschaften abzuleiten. Dazu ist die Kenntnis des Zusammenspiels zwischen Zähigkeit und Dehnungskonzentration notwendig. In [75] wird gezeigt, dass durch das Engineering Treatment Model (ETM) eine quantitative Beschreibung dieser Problematik möglich ist. Bezogen auf eine ebene Platte mit einem Mittenriss in der Schweißnaht und einer geringeren Festigkeit des Schweißgutes können unterschiedliche Zustände eingestellt werden. Eine äußere Belastung bewirkt eine Spannung im Querschnitt der Probe, die bis zur 0,2%-Dehngrenze zu einer elastischen Dehnung der Probe führt. Wird dieser Bereich der Spannungs-Dehnungskurve im Schweißgut überschritten, kommt es zu plastischen Verformung im Schweißgut, während der Grundwerkstoff weiterhin elastisch gedehnt wird [75]. Die lokale Dehnbarkeit des Schweißgutes ist möglicherweise schon bei einer sehr geringen Dehnung der gesamten Probe erschöpft. Das Probenversagen ist in diesem Fall in der Schweißnaht zu erwarten. Diese Art des Versagens ist für ausscheidungshärtbare Aluminiumlegierungen typisch [126],[127],[76]. In Schweißverbindungen mit Undermatching findet möglicherweise die gesamte Verformung in der Schweißnaht statt.

Als Fazit lässt sich ableiten, dass sowohl die Festigkeit als auch die Zähigkeit des Schweißgutes derzeit nicht das Niveau des Grundwerkstoffs erreichen. Lösungsansätze um den Festigkeitsverlust zu kompensieren beziehungsweise die Schweißnaht insbesondere für die Rumpfstruktur soweit zu entlasten, dass kein primäres Schweißnahtversagen auftritt sind derzeit nicht gegeben.

2.5.2 Entwicklung von speziellen Schweißzusatzwerkstoffen

Um die Einschränkungen, die durch das Festigkeits-Undermatching von laserstrahlgeschweißten Verbindungen existieren, abzumindern, erfolgten zahlreiche Untersuchungen zur Beeinflussung der metallurgischen Zusammensetzung des Schweißgutes. Grundlegend wurde dieses Thema in zwei fundamentalen Arbeiten erforscht [128],[129]. In diesen Forschungsberichten werden die Grundlagen der bis heute in der Technik angewandten Schweißzusatzwerkstoffe dargelegt und metallurgische Mechanismen zum Beispiel bei der Rissbildung erläutert. Die metallurgische Anpassung von bestehenden Schweißzusatzwerkstoffen auf die Anforderungen neu entwickelter Legierungen ist dennoch notwendig, um hohe Verbindungsfestigkeiten zu gewährleisten. Für den Schweißprozess gilt daher, dass ein geeigneter Zusatzwerkstoff gefunden werden muss, mit dem ein optimales Eigenschaftsfeld in dem Schweißgut eingestellt werden kann. Standardmäßig wird für die

Legierungsgruppe AlMgSiCu der Schweißzusatzwerkstoff AlSi12 eingesetzt [91]. Dieser sorgt dafür, dass der kritische Siliziumgehalt, der im Zweistoffsystem Al-Si definitionsgemäß bei ca. 0,8 % liegt, überschritten wird [86],[130]. Die Folge dieser Maßnahme ist eine Minderung beziehungsweise der Verlust der primären mechanischen Eigenschaften des Grundwerkstoffs im Schweißgut.

Die Verbesserung der Eigenschaften des Schweißzusatzwerkstoffes war unter anderem Inhalt der Forschungsarbeiten [122],[123],[131],[132]. Werden die metallurgischen Voraussetzungen im Schweißgut geschaffen, ein großes Angebot festigkeitswirksamer Ausscheidungen zu erzeugen, könnten die mechanischen Eigenschaften des Schweißgutes verbessert werden. Um diesem Ziel näher zu kommen, wurde ein Gießverfahren entwickelt, mit dem hoch legierte Zusatzwerkstoffe als Band hergestellt werden können [132]. Bei dem Verfahren erfolgt die schlagartige Erstarrung der Schmelze auf einer Rolle, wodurch es zu einer amorphen beziehungsweise mikrokristallinen Gefügeausbildung des Bandwerkstoffs kommt. Durch die Umwandlung im thermodynamischen Ungleichgewicht ergibt sich eine Legierungszusammensetzung, die bei herkömmlicher Drahtherstellung nicht möglich ist. Beispielhaft stehen hier Elementgehalte von ca. 20 % Si, 18 % Cu, 22 % Ag, 2 % Ti und 2 % Zr, die reproduzierbar eingestellt werden konnten [132]. Bisher erfolgt die klassische Zuführung des Zusatzwerkstoffes für Blechdicken von 3 bis 5 mm in Form von Draht mit einem Durchmesser zwischen 0,8 und 1,2 mm. Dabei besteht die Gefahr, dass die Elementverteilung in Richtung Schweißnahtwurzel abnimmt. Hier bietet der Einsatz bandförmigen Zusatzwerkstoffs Vorteile. Am Beispiel der Legierung 6013 wurden Schweißversuche durchgeführt, bei denen verschieden hoch legierte Zusatzwerkstoffbänder (AlSi12Mg1TiX sowie AlAg22TiMg) zum Einsatz kamen. Die erzeugten Stumpfstoßverbindungen wurden hinsichtlich ihrer Festigkeitseigenschaften unter statischen und zyklischen Bedingungen bewertet [124]. Als Ergebnis sind folgende Aussagen für überschliffene Schweißverbindungen erhalten worden:

- es sind nur geringe Unterschiede in der Gefügeausbildung des Schweißgutes sichtbar
- das erreichbare Härteniveau der Schweißnaht liegt bei maximal 90 % des Grundwerkstoffs
- die Zugfestigkeit der Schweißverbindung liegt bei ca. 80 % des Grundwerkstoffs und kann durch Wärmebehandlung auf 90 % gesteigert werden (mit Ausnahme von Al-Ag-Bandvarianten)
- die Ermüdungsfestigkeit liegt bei ca. 65 x 10^3 bis 5 x 10^6 Schwingspielen bei ca. 70 MPa Spannungsamplitude, R=0,1 und erreicht damit nicht das Niveau des Grundwerkstoffs
- eine Reduzierung der Rissfortschrittsgeschwindigkeit durch hoch legierte Zusatzwerkstoffe gegenüber der Standardlegierung AlSi12 kann nicht beobachtet werden, die Al-Ag-Variante ist auch unter dieser Beanspruchung unterlegen
- das Versagen findet hauptsächlich im Schweißgut statt, die Schmelzlinie der Schweißnaht ist nicht bestimmend für das Versagen

Die Aussagen belegen, dass hochlegierte Schweißzusatzwerkstoffe gegenüber der üblicherweise eingesetzten Legierung AlSi12 nicht die erwünschte Steigerung der mechanischen Eigenschaften bei den untersuchten Schweißverbindungen bewirken [124].

Ein anderer Forschungsansatz [131] beschäftigt sich mit der Erhöhung des Siliziumgehalts der AlSi-Legierung bis zu einem Gehalt von ca. 18 %, um die vornehmlich am Schweißnahtanfang von Stringer-Haut-Verbindungen auftretende Rissbildung sicher auszuschließen und damit die Eigenschaften der Schweißverbindung zu verbessern. Die Herstellung der hoch Si-haltigen Legierung ist nur durch das vergleichsweise teure Verfahren der Sprühkompaktierung möglich. Im Ergebnis bewirkt der hohe Si-Gehalt bei gleichen Schweißparametern eine Reduzierung der Heißrissgefahr im Schweißgut gegenüber der Standardlegierung AlSi12. Messungen der Elementverteilung an Stumpfstoßverbindungen erbrachte Si-Gehalte zwischen ca. 2 % an der Schweißnahtwurzel und maximal 10 % an der Schweißnahtoberseite.

Durch die Entwicklung spezieller Schweißzusatzwerkstoffe können unter anderem leichte Verbesserungen für die Verbindungseigenschaften erzeugt und die Gefahr der Heißrissbildung eingeschränkt werden, das Festigkeits-Undermatching wird jedoch nicht beseitigt. Hinsichtlich der statischen Festigkeit, der Ermüdung und der Schadenstoleranz ist Aluminium-Schweißverbindung weiterhin dem Grundwerkstoff unterlegen. Unbeantwortet bleibt die Frage, ob andere Methoden zur Verbesserung der Belastbarkeit bei Schweißverbindungen mit Undermatching zur Verfügung stehen.

3 Aufgabenstellung

Aus dem Kenntnisstand geht hervor, dass

- sich Vorteile metallischer Integralstrukturen gegenüber der differenziellen Bauweise insbesondere durch geringeres Gewicht, bessere Struktureigenschaften sowie effizientere Fertigungstechnologien eröffnen

- mit der ersten Anwendung der laserstrahlgeschweißten Stringer-Haut-Verbindung in Flugzeugen der Airbusreihen A318, A340 und A380 diese Vorteile bereits erfolgreich umgesetzt wurden

- die metallischen Werkstoffe mit den hochfesten faserverstärkten Kunststoffen um das geringste Strukturgewicht und die höchste Belastbarkeit im Wettbewerb stehen

- der metallische Flugzeugrumpf insbesondere Integral-Rumpfstrukturen über die gesamte Betriebsdauer eine hohe Belastbarkeit aufweisen muss

- die aktuellen sowohl fügetechnischen als auch werkstofftechnischen Herausforderungen auf diesem Gebiet in der Umsetzung der Clip-Haut-Verbindung und speziell der Haut-Haut-Verbindungen liegen.

Besondere Herausforderungen in der technischen Umsetzung von Haut-Haut-Verbindungen bestehen darin, dass

- die Belastbarkeit der Schweißverbindung aufgrund des Festigkeits-Undermatching sowohl bezüglich der statischen Festigkeit, der Ermüdung und der Schadenstoleranz im Vergleich zum Grundwerkstoff abgemindert ist

- verschiedene Ansätze, das Festigkeits-Undermatching zu beseitigen, bisher nicht den gewünschten Effekt erbrachten

- die Wirkung des Festigkeits-Mismatch auf die Verbindungseigenschaft für die komplexe Aneinanderreihung der unterschiedlich festen Gefügebereiche innerhalb der Schweißnaht, bestehend aus den Übergängen Grundwerkstoff-Wärmeeinflusszone-Schmelzlinie-Schweißgut-Schmelzlinie-Wärmeeinflusszone und Grundwerkstoff, nicht vollständig durch die bekannten numerischen Prozeduren („SINTAP" usw.) erfasst werden kann

- bisherige experimentelle Untersuchungen nur die Diskrepanz der mechanischen Eigenschaften zwischen Grundwerkstoff und Schweißverbindung beschreiben, jedoch keine konkreten Lösungsvorschläge zur Beseitigung dieser Einschränkung gegeben werden.

Ziel der Arbeit ist, einen Beitrag zur Verbesserung der Belastbarkeit von Haut-Haut-Schweißverbindungen für metallische Integralrumpf-Strukturen zu leisten. Dazu sollen Konzepte für die Verbesserung der Belastbarkeit, insbesondere zur Erhöhung der Schadenstoleranz von Schweißverbindungen mit Undermatching entwickelt, experimentell erprobt und deren Grenzen ermittelt werden. Die Konzepte gliedern sich in:

Konzept 1: Beanspruchungsgerechte Gestaltung eines Schweißnahtsockels zur Erhöhung der Belastbarkeit, insbesondere der Schadenstoleranz, von Haut-Haut-Verbindungen – **angepasster Schweißnahtsockel**

Konzept 2: Erforschung von Möglichkeiten zur Auslenkung von Rissen aus der Schweißnaht in den Grundwerkstoff durch einen – **gekrümmten Schweißnahtverlauf**

Notwendig zur Entwicklung und Bewertung der Konzepte an Haut-Haut-Schweißverbindungen sind folgende experimentelle Untersuchungen:

- Ermittlung der Härteverteilung in der Schweißverbindung zur Bestimmung der Schweißnahtbereiche mit Undermatching und deren lokaler Unterschiede im Härteniveau und der geometrischen Breite

- Ermittlung der Verbindungsfestigkeit im statischen Zugversuch an Standardzugstäben mit Schweißnaht, um das Festigkeits-Undermatching in Abhängigkeit von der geometrischen Größe der Schweißverbindung zu bestimmen

- Bestimmung der Festigkeit und Duktilität der lokalen Schweißnahtbereiche frei von geometrischen Einflussgrößen mit Hilfe von Minizugproben

- Entwicklung von speziellen Scherproben, mit denen sich eine Schubbelastung in der Schweißnaht, wie sie in den Seitenpanels des unteren Flugzeugrumpfes auftreten kann, abbilden lässt

- Bewertung der Schwingfestigkeit einer Schweißnaht in Abhängigkeit von dem Festigkeits-Undermatching und den Kerben in der Schweißnaht, die die Lebensdauer beeinflussen können. Weiterhin ist ein Vergleich zwischen Schweißgut und Grundwerkstoff durchzuführen, um die Kerbempfindlichkeit zu bestimmen

- Ermittlung des Rissfortschrittsverhaltens an Mittenrissproben in der Schweißnaht in Abhängigkeit von Undermatching und Schweißnahtverlauf sowie bruchmechanische Bewertung von lokalen Aufdickungen im Schweißnahtbereich

- Ermittlung der Restfestigkeit unter dem Einfluss des Undermatching und des Schweißnahtverlaufs

Zwei Wärmebehandlungszustände für den in der Arbeit verwendeten Werkstoff 6013 sind technisch interessant, der kaltausgelagerte Zustand T4 und der höherfeste warmausgelagerte Zustand T6. Um fertigungstechnische Randbedingungen zu berücksichtigen, wurde der Grundwerkstoff vor dem Laserstrahlschweißen der Haut-Haut-Verbindung in den Zustand T6 gebracht. Die Fertigung von Haut-Haut-Verbindungen erfolgt in der Fertigungskette nach der Stringer-Haut-Verbindung und damit zu einem Zeitpunkt, an dem die Wärmebehandlung auf den T6 Zustand aufgrund der Größe der Struktur schwierig ist. Zu klären bleibt, ob die Haut-Haut-Verbindung nach dem Laserstrahlschweißen zusätzlich ausgelagert werden muss oder im geschweißten Zustand verbleiben kann.

Anschließend soll eine Betrachtung zur Übertragbarkeit der Ergebnisse von Haut-Haut-Verbindungen auf die Anwendbarkeit im Flugzeugrumpf erfolgen. Dazu zählt der Vergleich zur Stringer-Haut-Verbindung und dem Rührreibschweißen. Dies beinhaltet auch die Klärung von Chancen und Grenzen für die Anwendung von lasergeschweißten Haut-Haut-Verbindungen in der metallischen Struktur.

4 Experimentelle Untersuchungen

4.1 Versuchswerkstoff

Für die Versuche stand der schweißgeeignete, mittelfeste Werkstoff 6013 zur Verfügung. Es handelt sich dabei um eine Legierung des Systems AlMgSiCu, die zur Steigerung der Festigkeit mit Kupfer legiert ist. Um den Einfluss chargen- und blechdickenspezifischer Abweichungen bezüglich der mechanischen Eigenschaften weitgehend abzumindern, wurden ausschließlich 5 mm dicke Ausgangsbleche, die beidseitig mit einer Reinaluminiumschicht von ca. 0,15 mm Dicke plattiert waren, verwendet. Damit stand ein Ausgangsmaterial zur Verfügung, mit dem alle geplanten Bauweisen (Sockelgeometrien) durch mechanische Bearbeitung abgebildet werden konnten. Die wesentlichen mechanischen Eigenschaften und die chemische Soll-Zusammensetzung sind in Tabelle 7 wiedergegeben. Die angegebenen Daten entstammen der Airbus Industrie Material Spezifikation AIMS 03-04-034.

Tabelle 7 Werkstoffeigenschaften und chemische Zusammensetzung des Werkstoffs 6013

6013 AlMgSiCu – mechanische Eigenschaften			
	[AIMS]	[AIMS]	[Ist-Wert]
Wärmebehandlungszustand	T4	T6	T6
0,2%-Dehngrenze, [MPa]	135	310	336
R_m, [MPa]	265	350	368
E-Modul [GPa]	70 bis 74	70 bis 74	/
A_{50}, [%]	20	8	15,6
σ_{max} bei $1x10^5$ Zyklen; α=2,5, [MPa]	145	145	/

chemische Zusammensetzung												
Element	Si	Fe	Cu	Mn	Mg	Cr	Zn	Ti	Ti+Zr	weitere		Rest
min. [%]	0,6	-	0,15	0,20	0,6	-	0,10	-	-	einzeln	gesamt	Al
max. [%]	1,3	0,5	1,1	1,0	1,2	0,25	0,7	0,10	0,20	0,05	0,15	

In Tabelle 8 ist das Gefüge des verwendeten Grundwerkstoffes im Längs- und Querschliff abgebildet. Als Ätzmittel wurde NaOH in geringer Konzentration (10%ig) verwendet. Die Proben wurden zwischen 60 und 120 Sekunden der alkalischen Lauge ausgesetzt. Aufgrund der geringen Belegung mit Legierungselementen sind die Korngrenzen teilweise ätztechnisch kaum zu erfassen. Auch durch längeres Ätzen werden die Korngrenzen nicht deutlicher. Dennoch wurde die Gefügestruktur charakterisiert. Sie weist gestreckte, plattenförmige, ellipsoide Körner auf. Mit Hilfe des Linienschnittverfahrens wurde über mehrere Bildausschnitte die Korngröße bestimmt. Die Messung ergibt im Mittel Körner mit einer Größe von 83 µm parallel zur Walzrichtung, 68 µm senkrecht zur Walzrichtung und 23 µm in Blechdickenrichtung. Das Gefüge ist durchzogen von einer stochastisch verteilten Phase, deren Zusammensetzung in der Literatur (siehe [20]) angeben wird. Sie besteht aus den Elementen Aluminium, Eisen, Mangan und Silizium. Eigene EDX Messungen bestätigen die Literaturangaben.

Tabelle 8 Vergleich der Gefügeausbildung des schweißgeeigneten Werkstoffs 6013

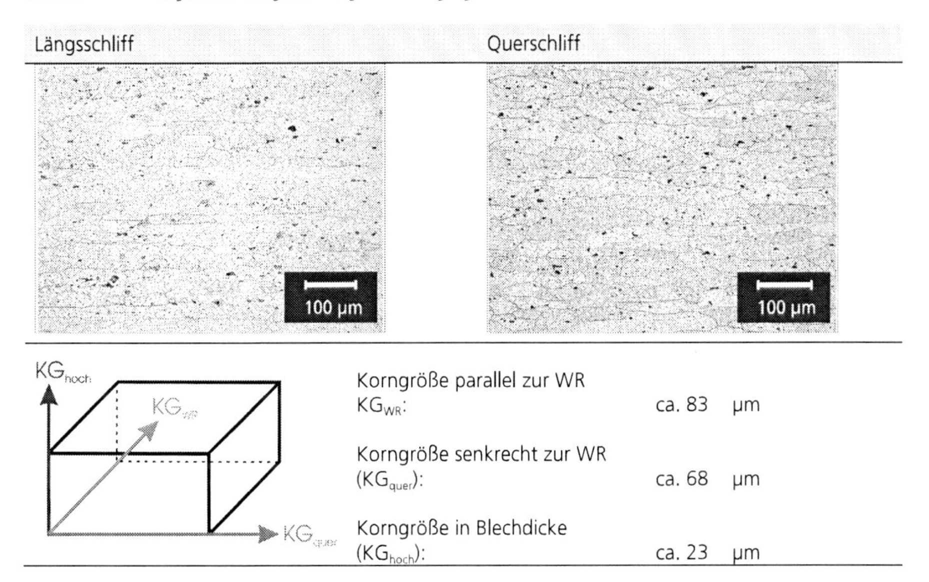

Korngröße parallel zur WR KG_{WR}:	ca. 83	µm
Korngröße senkrecht zur WR (KG_{quer}):	ca. 68	µm
Korngröße in Blechdicke (KG_{hoch}):	ca. 23	µm

Die Mikrohärteverteilung im Grundwerkstoff wurde für den Zustand T6 nach Vickers bestimmt. Als Messposition wurde die Blechmitte ausgewählt, wobei der Härteverlauf parallel zur Blechoberfläche erfolgte. Die Härtewerte für HV 0,1 streuen zwischen 120 und 140 bei einem Mittelwert von ca. 130 HV 0,1.

4.2 Schweißtechnische Experimente

4.2.1 Herstellung von Haut-Haut-Verbindungen

Die Schweißversuche erfolgten mit zwei verschiedenen Maschinenkonfigurationen. In einem Aufbau waren zwei 3,5 kW-CO_2-Laser integriert, während in einer weiteren Anlage nur ein CO_2-Laser mit 6 kW Laserleistung eingebunden war. Im ersten Fall standen die Schweißoptiken in einer Linie hintereinander und waren unter einem Winkel von 13° positioniert, Tabelle 9 (links). Die Strahlvermessung der einzelnen Laserstrahlen ergab einen Spotradius von ca. 100 µm, so dass bei einem Randabstand von ca. 100 µm der Einzelspots eine Doppelstrahlanordnung auf einer Länge von ca. 500 µm mit zwei Leistungsmaxima vorlag. Die Herausforderung für eine industrielle Fertigung mit der beschriebenen Twinspotkonfiguration liegt in der Prozessüberwachung. Sie ist notwendig zur Sicherstellung einer gleichbleibenden Schweißnahtqualität, gestaltet sich aber aufgrund der Integration von zwei Lasern sehr aufwendig. Für die Bewertung der Schweißnahteigenschaften, die im Rahmen der Arbeit durchzuführen ist, ist diese Technologie jedoch hervorragend geeignet, da verhältnismäßig breite Schweißnähte zu erwarten sind. In dem zweiten Versuchsaufbau, Tabelle 9 (rechts) wurde mit nur einem 6 kW-CO_2-Laser hoher Strahlqualität gearbeitet, um sehr schlanke Schweißnähte zu erzeugen und unterschiedliche Schweißnahtverläufe zu realisieren. Verwendung fand eine Schweißoptik mit 200 mm Fokusbrennweite, die einen Spotdurchmesser von ca. 200 µm erzeugt. Die notwendige Prozesstechnik reduziert sich auf ein Minimum, wodurch die Gefahr von Prozessschwankungen minimiert werden kann. Zudem besteht durch die hohe Laserleistung, konzentriert auf den kleinen Fokusdurchmesser, mehr Variabilität in der Parameterwahl und die Chance der Erweiterung des Prozessfensters. Die Schweißrichtung für beide Anlagen wurde so gewählt, dass die Drahtzufuhr schleppend erfolgt. Aufwendig gestaltete sich die Schutzgaszufuhr, sie wurde durch zwei Düsen an der Blechoberseite und eine weitere Düse an der Blechunterseite realisiert. Diese Anordnung hat den Vorteil, eine gleichmäßige und vollständige Abdeckung des Schweißprozesses vor Sauerstoff aus der Luft zu gewährleisten. Alle Schweißversuche erfolgten nach einer umfangreichen Studie der Schweißparameter, so dass anschließend für jede Maschinenkonfiguration ein optimaler Parametersatz zur Verfügung stand. Eine Abhängigkeit der Ergebnisse von verschiedenen Schweißparametern innerhalb einer Versuchsserie ist damit ausgeschlossen.

Tabelle 9 Verwendete Laserstrahlschweißtechnik, Laserstrahlanordnung mit unterschiedlicher Anlagentechnik

Versuchsaufbau mit zwei Schweißlasern		Versuchsaufbau mit einem Schweißlaser	
Laser:	2 x CO_2 - DC035 (P_L=3,5 kW), Rofin Sinar	Laser:	1 x CO_2 - DC060 (P_L=6,0 kW), Rofin Sinar
Schutzgas:	Helium/Stickstoff	Schutzgas:	Helium/Stickstoff
Zusatzwerkstoff:	AlSi12, Ø 0,8 mm	Zusatzwerkstoff:	AlSi12, Ø 0,8 od. 1,0 mm
Brennweite:	f_B= 200 mm	Brennweite:	f_B= 200 mm
Streckenenergie:	E_s= 2,0 kJ / cm	Streckenenergie:	E_s= 0,95 kJ / cm

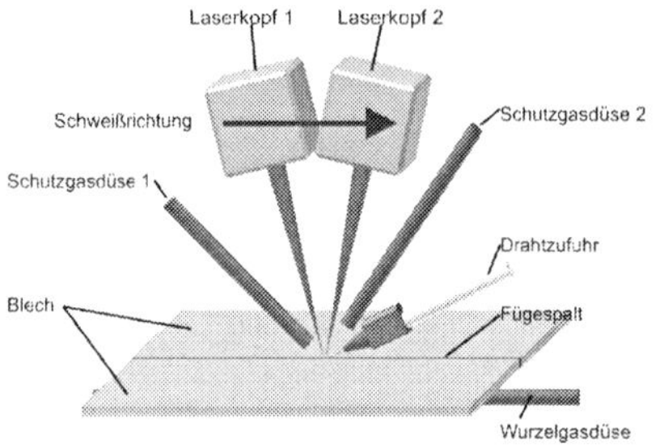

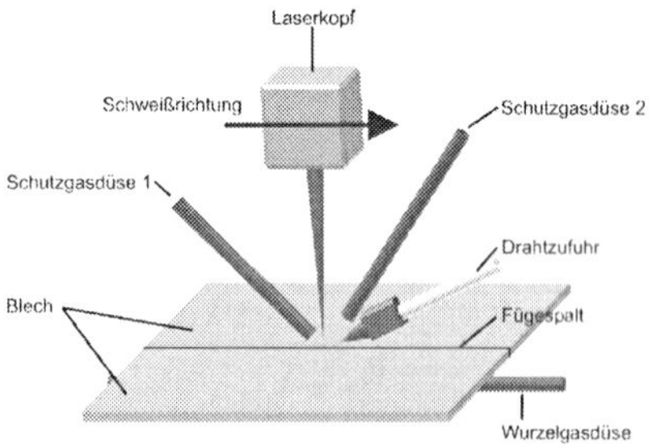

Nachdem die Linearschweißnähte prozesssicher erzeugt werden konnten, erfolgten Versuche, den in Abschnitt 3 neu vorgeschlagenen gekrümmten Schweißnahtverlauf prozesstechnisch zu erproben. Dazu musste zunächst eine Kontur für die Schweißverbindung festgelegt werden. Um einen kontinuierlichen Schweißprozess zu gewährleisten, wurde in Vorversuchen zunächst mit der aus zwei Schweißlasern bestehenden Anlagenkonfiguration durch Aneinanderreihung von Halbkreisen eine gekrümmte Schweißnaht hergestellt. Die Versuche erfolgten sowohl an Blechen, die durch mechanische Bearbeitung eine Halbkreiskontur entlang der Stoßkante erhielten, als auch am ebenen Blech durch so genannte Blindnahtschweißungen. Obwohl gute Schweißergebnisse mit diesem Verfahren erzielt werden konnten, war die dazu notwendige Technologie sehr aufwendig. Aufgrund des Bauteilverzugs, bedingt durch die hohe Energieeinbringung, ist eine Übertragung auf größere Strukturen schwierig. Deshalb wurde ein neuer Schweißnahtverlauf in Form einer Sinuswelle programmiert und durch nur einen Schweißlaser, wie in Tabelle 9 rechts dargestellt, realisiert. Dazu wurden die Bleche horizontal verfahren, während sich der Schweißkopf (Z-Achse) quer dazu, kontinuierlich auf einer Linie von rechts nach links bewegte. Auf diese Weise konnte eine Sinuskontur mit einstellbarer Amplitude und Wellenlänge hergestellt werden. Die fest an der Z-Achse positionierte Drahteinheit wurde ohne zusätzliche Maschinenachse schleppend angeordnet. Das bedeutet, der Winkel unter dem der Schweißzusatzwerkstoff dem Prozess zugeführt wurde, variiert kontinuierlich mit dem Vorschub. Vorteil dieser Konfiguration ist ein geringerer fertigungstechnischer Aufwand, der für die industrielle Anwendung keine Nachteile befürchten lässt. Die lokale Schutzgasabdeckung muss unter diesen Bedingungen an der Schweißnahtoberseite durch zwei in V-Anordnung orientierte Düsen erfolgen, so dass zu jedem Zeitpunkt ein adäquater Schutz des Schmelzbades von der Umgebungsatmosphäre gegeben ist. Auf der Wurzelseite wurde eine mitfahrende Schutzgasdüse installiert, die entsprechend der Sinuskontur eine gleichmäßige Gasabdeckung des Wurzelplasmas ermöglicht.

Spanntechnikkonzepte für Haut-Haut-Verbindungen

Für die Schweißversuche wurden zwei Spannkonzepte in Abhängigkeit von der benötigten Schweißnahtkontur verwendet, Bild 6. Für geradlinige Schweißnähte wurde überwiegend ein aus dem Automobilbau bekanntes hydraulisches Spannkonzept mit Widerlager und Anpresszylinder genutzt. Der Vorteil dieser Technik liegt darin, dass die zu fügenden Bleche sehr dicht neben dem Fügespalt gespannt werden können.

In der Luftfahrt üblich ist hingegen ein Spannkonzept mittels Vakuum, bei dem die Bleche auf einem Vakuumtisch positioniert und angesaugt werden. Dieses Konzept bietet den Vorteil, für jede Schweißnahtkontur und Blechgröße einfach umrüstbar zu sein und trotzdem eine hervorragende Arretierung der Bleche zu gewährleisten. Die seitliche Auslenkung der Schweißoptik bei der Herstellung der Sinuskontur wird nicht durch aufliegende Spannbalken behindert, Bild 6. Kollisionsereignisse mit Spannelementen können somit sicher ausgeschlossen werden.

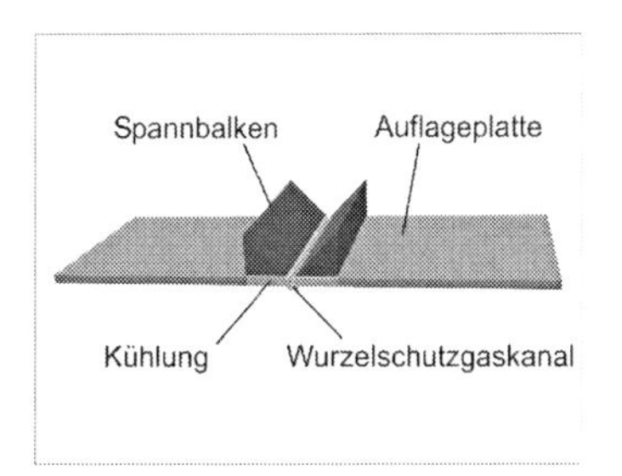

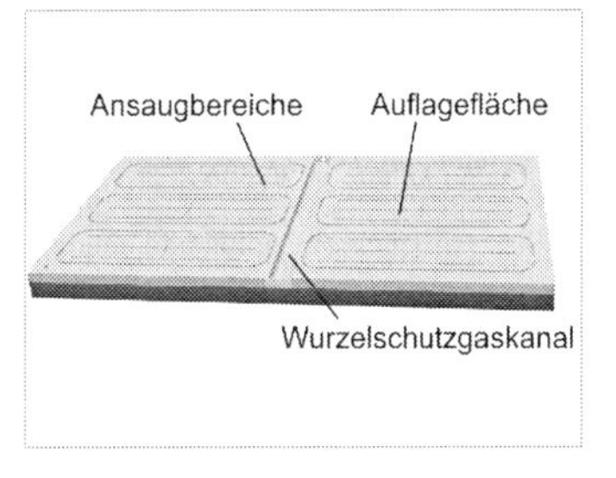

Bild 6 Spanntechnikkonzepte: links Hydraulikspanntechnik; rechts Vakuumspanntechnik (geeignet für industrielle Anwendung zur Herstellung großformatiger Bauteile)

4.2.2 Prozesstechnische Aspekte

Durch die Erfahrungen aus den seriennahen Schweißprozessen für die Stringer-Haut-Verbindung [133], welche auf der im Fraunhofer IWS befindlichen, sehr großen Schweißanlage (XXL-Anlage) erarbeitet wurden, war eine Grundlage für die Versuche und die prozesstechnische Entwicklung für die Haut-Haut-Verbindung gelegt. Die verwendete Prozesstechnik wurde deshalb bis auf die Anordnung mit Zweistrahltechnik immer unter dem Gesichtspunkt guter Übertragbarkeit auf industrielle Maschinenkonzepte ausgewählt. Für die Serienanwendung zum Laserschweißen von Rumpfstrukturen sind CO_2-Laser zertifiziert, so dass die Möglichkeit besteht, die aus den Versuchen ermittelten Schweißparameter direkt auf große Bauteile übertragen zu können. Die Erzeugung der Haut-Haut-Verbindungen in Linearausführung erfolgte generell im Stumpfstoß, während ein Großteil der Schweißnähte mit sinusförmigem Verlauf als Blindnaht ausgeführt wurde. Hintergrund für diese Entscheidung war das Ziel, eine möglichst umfangreiche Versuchsmatrix mit sinusförmigem Nahtverlauf abzudecken. Anhand einiger ausgewählter Versuche wurde die Machbarkeit der frästechnischen Vorbereitung mit anschließender Laserstrahlschweißung erprobt. Für die nachfolgenden experimentellen Versuche wurden Proben mit gekrümmten Nahtgeometrien auf einer Probenlänge von ca. 1000 mm hergestellt. Die effektive Nahtlänge variierte je nach Wahl der geometrischen Schweißnahtparameter (Amplitude und Wellenlänge).

4.3 Prüfverfahren zur Bewertung der Belastbarkeit von Schweißverbindungen

4.3.1 Statische Versuche

Im Folgenden werden die in der Arbeit verwendeten Proben beschrieben und die dafür genutzten Normen benannt. Sind individuelle Anpassungen einzelner Probengeometrie notwendig, erfolgen diese in Anlehnung an die Norm.

4.3.1.1 Zugversuch

Mit Hilfe des Zugversuchs sollte die Verbindungsfestigkeit an Standardzugstäben ermittelt werden. Ziel war es, das Festigkeits-Undermatching in Abhängigkeit von der geometrischen Ausbildung der Schweißverbindung zu bestimmen. Damit kann für unterschiedlich breit ausgeführte Schweißnähte die Verformungsbehinderung bestimmt werden. Zur Anwendung kamen Probengeometrien unterschiedlicher Geometrie. Als Standard diente die Probenform E nach [DIN 50125] (Variante A) und die Querzugprobe der [DIN EN 895] (Variante B). In Tabelle 10 sind die Probenmesslänge sowie der Prüfquerschnitt zusammengefasst. Die Proben für die Schweißverbindung wurden analog zu denen des Grundwerkstoffs hergestellt und geprüft. Für den Dehnungsaufnehmer wurde bei allen Proben einheitlich eine Messlänge von 50 mm festgelegt. Die Dehnungsangaben für alle Schweißverbindungen beziehen sich auf die genannte Messlänge.

Tabelle 10 Übersicht der verwendeten Proben für den einachsigen Zugversuch der Schweißverbindung und des Grundwerkstoffs

Prüfquerschnitt	Geometrische Abmessungen	DIN EN
Standardprüfkörper Grundwerkstoff und Schweißverbindung 1: B x D=16 x 5 mm² beziehungsweise 2: B x D=25 x 3,2 mm²	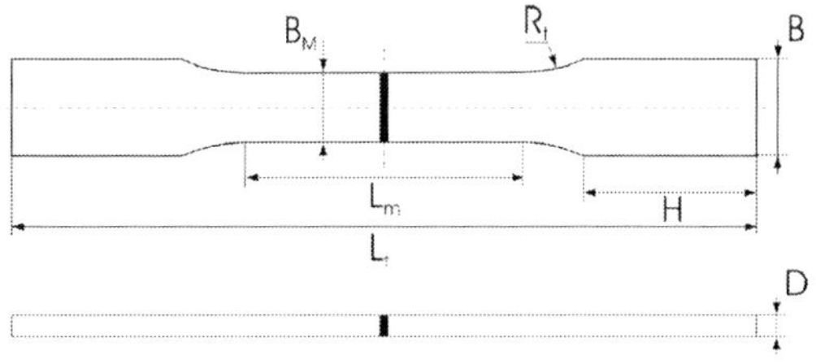	50125 und 895
Maßdefinition:	Variante A / Variante B Messlänge L_m: 50 mm / 65 mm Probengesamtlänge L_t: 175 mm / 200 mm Radius R_t: 35 mm / 35 mm Kopfbreite B: 22 mm / 37 mm Probenbreite B_M: 16 mm / 25 mm Probendicke, D: 5 mm / 3,2 mm Einspannlänge, H: ca. 50 mm / ca. 50 mm Schweißnaht in Probenmitte angeordnet	50125 und 895
Bearbeitungszustand:	Variante 1: gefräst, Schweißnaht auf Blechniveau abgetragen Variante 2: Schweißnaht auf Blechniveau durch Walzen angeglichen	
Lage der Schweißnaht:	Schweißnahtorientierung 90 beziehungsweise 45 ° zur Belastungsrichtung	

Da die Schweißnaht aus mehreren Bereichen (Wärmeeinflusszone, Schmelzlinie, Schweißgut) zusammengesetzt ist, kann davon ausgegangen werden, dass die Festigkeit der Verbindung abhängig von der Schweißnahtgeometrie ist. Die lokalen Kennwerte werden deshalb an Minizugproben bestimmt und sind damit unabhängig von der geometrischen Schweißnahtausbildung. Die Kenntnis der lokalen Festigkeitswerte kann in weiterführenden Untersuchungen zum Beispiel für die numerische Simulation genutzt werden. Die Herausforderung bei der Verwendung von Schweißnähten mit schlanken, parallelen Nahtflanken besteht in der Präparation der Zugstäbe aus dem Schweißgut beziehungsweise der Wärmeeinflusszone. Deshalb müssen für jede Schweißnaht individuell angepasste Prüflinge festgelegt werden. Für die in der Arbeit untersuchten Schweißnähte wurden deshalb spezielle Minizugproben verwendet. Ein Überblick der Proben ist in Tabelle 11 zusammengestellt.

Tabelle 11 Übersicht der verwendeten Proben für den einachsigen Zugversuch der lokalen Gefügebereiche: Schweißgut, Wärmeeinflusszone und Grundwerkstoff

Prüfquerschnitt	Geometrische Abmessungen		DIN EN
Eigenentwicklung der Prüfkörper Grundwerkstoff, Schweißgut, Wärmeeinflusszone B x D=2 x 1,25 mm²	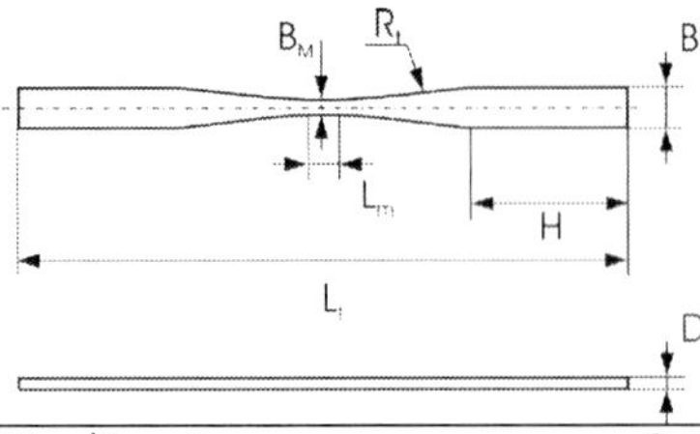 B_M, R_t, B, L_m, H, L_t, D		keine
Maßdefinition:	Messlänge L_m: Probengesamtlänge L_t: Radius R_t: Kopfbreite B: Probenbreite B_M: Probendicke D: Einspannlänge H:	8 mm 78 mm 75,75 mm 5 mm 2 mm 1,25 mm ca. 15 mm	/
Probenentnahme	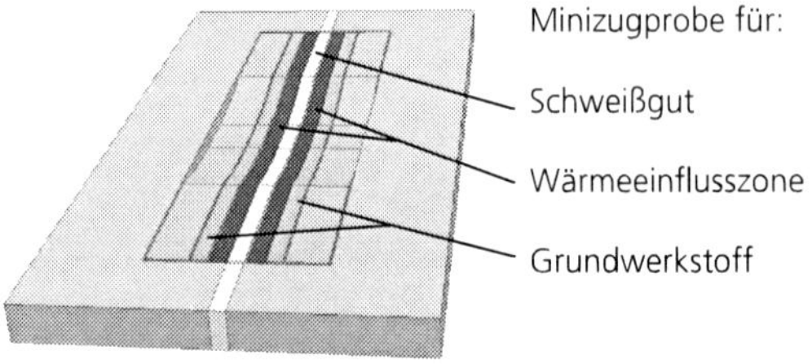	Minizugprobe für: Schweißgut Wärmeeinflusszone Grundwerkstoff	
Bearbeitungszustand:	erodiert		/
Entnahmeposition	Grundwerkstoff, Schweißgut, Wärmeeinflusszone, jeweils parallel zur Schweißrichtung		/

4.3.1.2 Scherversuch

Wie aus dem Kenntnisstand hervorgeht, ist für die Schmelzlinie die geringste Härte in der Schweißverbindung zu erwarten und damit wahrscheinlich auch eine geringere Festigkeit als für die anderen Bereiche. Es ist daher für die Bewertung des Undermatching von großem Wert, eine Aussage zur Festigkeit der Schmelzlinie zu treffen. Mit den bisher beschriebenen Zugversuchen können zwar die Bereiche Wärmeeinflusszone und Schweißgut einer Haut-Haut-Verbindung sicher charakterisiert werden. Die Schmelzlinie hingegen beschreibt eine dünne Grenzschicht zwischen beiden Zonen, weshalb die Minizugprobe für die Ermittlung der Festigkeit ungeeignet ist. Der Scherversuch bietet gute Voraussetzungen, auch die Schmelzlinie hinsichtlich ihrer Festigkeit zu charakterisieren. Dazu notwendig ist zunächst die Entwicklung geeigneter Prüflinge, die es erlauben, die Scherebene (Vergleich Tabelle 12) definiert in den Bereich der Schmelzlinie zu legen. Im Rahmen dieser Arbeit erfolgte deshalb speziell für die Gegebenheiten aushärtbarer Aluminiumlegierungen die Entwicklung geeigneter Scherproben, Tabelle 12. Wie in Tabelle 12 skizziert, wurden die Proben beidseitig senkrecht zur Belastungsrichtung getrennt (Trennung 1) und anschließend in die Scherebene eine Kerbe eingebracht (Trennung 2). Die entstehende Bruchebene kann zur Bestimmung der Scherspannung ausgemessen werden. Anschließend erfolgt die Bewertung der Bruchfläche lichtmikroskopisch.

Tabelle 12 Maße und Geometrie der Scherprobe, entwickelt und angepasst auf die Bedingungen der laserstrahlgeschweißten Haut-Haut-Verbindung der aushärtbaren Legierung 6013

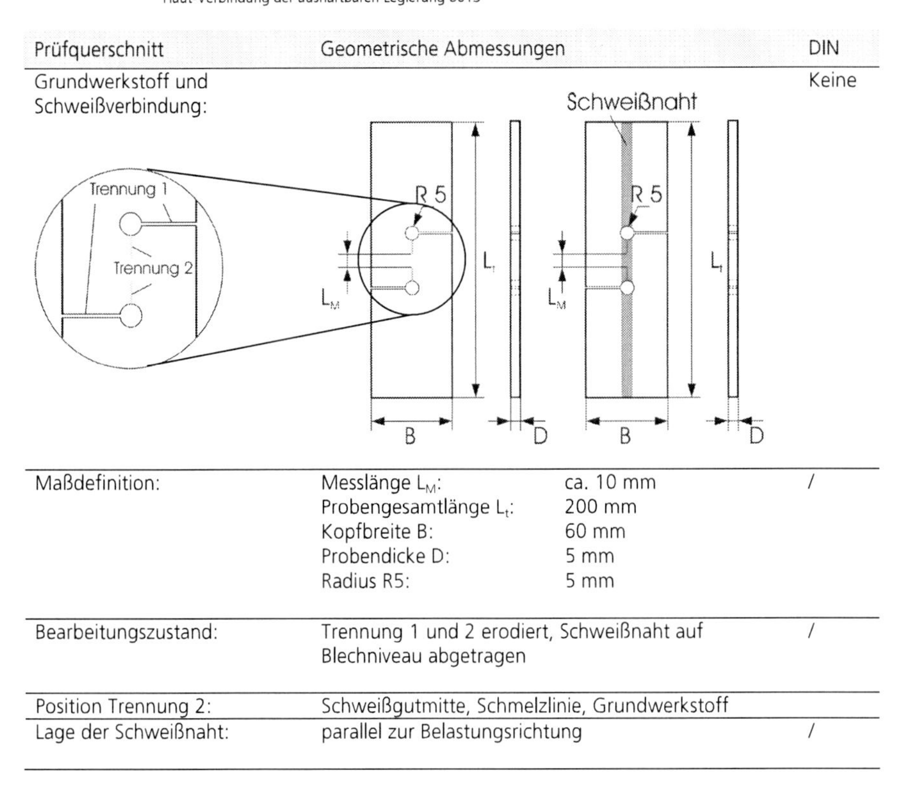

Prüfquerschnitt	Geometrische Abmessungen		DIN
Grundwerkstoff und Schweißverbindung:			Keine
Maßdefinition:	Messlänge L_M: Probengesamtlänge L_t: Kopfbreite B: Probendicke D: Radius R5:	ca. 10 mm 200 mm 60 mm 5 mm 5 mm	/
Bearbeitungszustand:	Trennung 1 und 2 erodiert, Schweißnaht auf Blechniveau abgetragen		/
Position Trennung 2:	Schweißgutmitte, Schmelzlinie, Grundwerkstoff		
Lage der Schweißnaht:	parallel zur Belastungsrichtung		/

4.3.2 Ermüdung

Die Ermittlung der Lebensdauer von Schweißverbindungen erfordert Probengeometrien, mit denen das Schweißgut im Verbund mit dem Grundwerkstoff bewertet werden kann. Deshalb erfolgte die Prüfung mittels so genannter „Uhrglasproben", bei denen die Schweißnaht im schmalsten Querschnitt positioniert ist.

Wie in Tabelle 13 zusammengefasst, wurde bei einem Teil der Proben in die Schweißnaht eine Bohrung von 1,5 mm Radius eingebracht. Verwendung fanden Proben, die durch das in Abschnitt 4.2.1 beschriebene Schweißverfahren mit Twinspot hergestellt wurden. Abgeleitet aus dem Innendruck im Flugzeugrumpf wirkt eine Hautspannung auf die Haut-Haut-Verbindung, die je nach Auslegung des Flugzeugs variieren kann. Für die in der Arbeit untersuchten Ermüdungsproben wird eine Hautspannung von 110 MPa angenommen. Diese Belastung muss bei einem Spannungsverhältnis von R = 0,1 für ca. 10^5 Lastwechsel sicher ertragen werden. Im Unterschied dazu wurden die

Spannungsniveaus für die Bestimmung der Kerbempfindlichkeit in Abhängigkeit vom Gefügebereich so angepasst, dass ein Versagen der Probe bei 10^5 Lastwechseln genau bestimmt werden kann. Die verwendeten Proben sind in Tabelle 13 zusammengefasst. Die Kerbe führt je nach Kerbradius zu einer Spannungsüberhöhung, wodurch das Probenversagen im gekerbten Querschnitt erzwungen wird. Anhand von Tabellenwerken kann für die zu beurteilende Kerbgeometrie, in Abhängigkeit von der Probenform, die Kerbformzahl berechnet werden. Mit der im Versuch ermittelten Spannung, die zu einem Bruch der Probe bei 10^5 Lastwechseln führt, lässt sich für den gekerbten Probenzustand die Kerbempfindlichkeit bestimmen. Über die Information zur Kerbempfindlichkeit ermöglicht dieser Versuch auch die Abschätzung des Einflusses von Poren mit äquivalentem Kerbradius im Schweißgut auf die Lebensdauer der Verbindung.

Tabelle 13 Probengeometrie zur Bewertung der Ermüdungsfestigkeit von Schweißverbindungen und der Kerbempfindlichkeit von Schweißnaht und Grundwerkstoff

Prüfquerschnitt	Geometrische Abmessungen		DIN
Grundwerkstoff:	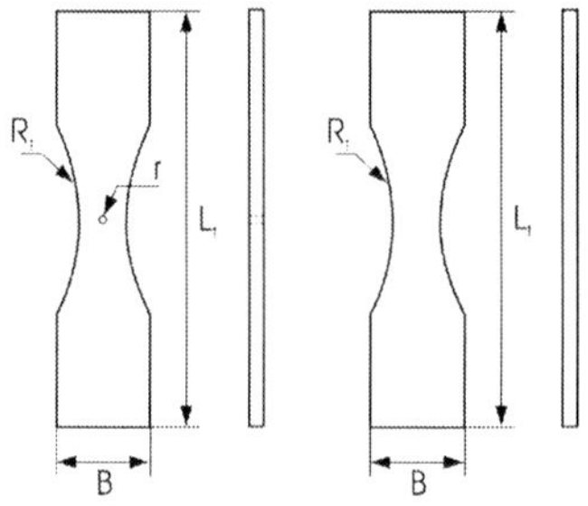		/
Eigenschaft:	erodiert, Probe überschliffen		/
Schweißgut:	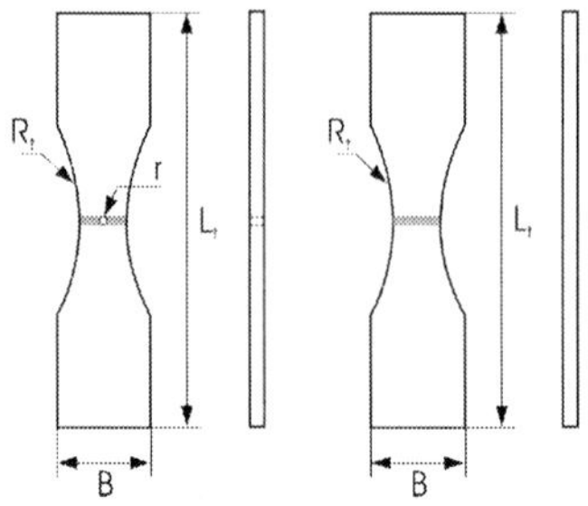		/
Bearbeitungszustand:	erodiert, Schweißnaht auf Blechniveau abgetragen, Probe überschliffen		/
Maßdefinition:	Probengesamtlänge L_t:	210 mm	/
	Kopfbreite B:	50 mm	
	Radius R_t:	ca. 100 mm	
	Radius r:	1,5 mm	
	elastische Kerbformzahl α_K:	2,5	
	Probendicke D:	5 mm	

4.3.3 Schadenstoleranz

4.3.3.1 Rissfortschritt

Ziel war es, den Ermüdungsrissfortschritt von Haut-Haut-Verbindungen in Abhängigkeit von dem Festigkeits-Undermatching, dem Schweißnahtsockel sowie dem Schweißnahtverlauf zu ermitteln und mit dem des Grundwerkstoffs zu vergleichen. Dazu werden die Orientierung der Schweißnaht zur Belastungsrichtung, die Sockelhöhe und –breite sowie die geometrischen Einflussgrößen auf den Schweißnahtverlauf variiert. Weiterhin soll geprüft werden, welchen Einfluss die Menge des Schweißgutes am Prüfquerschnitt auf den Rissverlauf hat.

Anhand der experimentell ermittelten Messwerte aus dem Rissfortschrittsversuch ist eine bruchmechanische Bewertung, sowohl für eine bestimmte Sockelgeometrie als auch für die Schweißnaht durchzuführen. Ziel dabei ist, den Sockeleffekt unabhängig von der Schweißnaht und den Schweißnahteffekt unabhängig vom Sockel auf die zyklische Rissausbreitung zu ermitteln. Mit dieser Untersuchung soll geprüft werden, in welchem Maße geometrische, werkstofftechnische und spannungsbedingte Einflussfaktoren den zyklischen Rissfortschritt beeinflussen. Es wurden Mittenrissproben für Grundwerkstoff und Schweißverbindung auf Basis der Normen [ASTM E 647-88] und der von EADS intern verwendeten Qualitätssicherungsverfahrensanweisung QVA-Z10-39-04 hergestellt und geprüft. In der Arbeit wurden zwei Probengrößen verwendet, eine kleinere Probe Tabelle 14 links, um orientierende Versuche für verschiedene Sockelgeometrien und Schweißnahtverläufe durchzuführen. Anschließend erfolgte für besonders erfolgversprechende Lösungsansätze die Übertragung der Ergebnisse auf eine deutlich breitere Probe, Tabelle 14 rechts. Der Startkerb wurde durch Drahterodieren in die Mitte der Proben, das heißt im Sockel beziehungsweise in der Schweißnaht eingebracht.

Tabelle 14 Probenübersicht für die CCT-Proben zur Ermittlung der Rissfortschrittsgeschwindigkeit

	Probengeometrien – Kleinproben	Probengeometrien – Großproben
Rissfortschritts-untersuchung:	$(2W=200) \times (L_t=500) \times (S_{HD})$	$(2W=400) \times (L_t=650) \times (S_{HD}/S_{GSD})$
	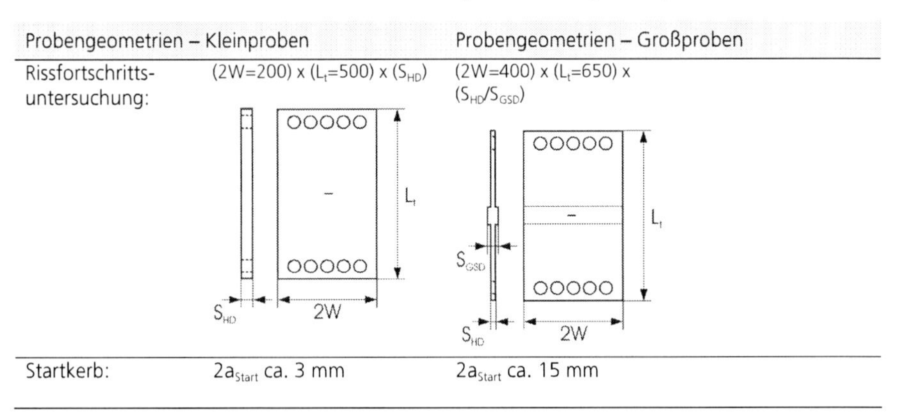	
Startkerb:	$2a_{Start}$ ca. 3 mm	$2a_{Start}$ ca. 15 mm

Für Haut-Haut-Verbindungen erfolgte als Vorbereitung für das Laserstrahlschweißen die Bearbeitung der Fügekanten durch mechanisches Fräsen. Nach dem Schweißvorgang wurden ebene und Sockelproben durch mechanische Bearbeitung aus 5 mm dicken Blechen hergestellt, wobei die Schweißnahtoberraupe beziehungsweise die Schweißnahtwurzel blecheben befräst wurde. Proben mit Klebedoppler wurden in den Elbe Flugzeugwerken GmbH oberflächenbehandelt und geklebt, die aufgeklebten Doppler sind ebenfalls aus dem Werkstoff 6013 und wurden im Wärmebehandlungszustand T6, also mit höchster Festigkeit, verarbeitet. Es wurde eine Vielzahl von

Mittenrissproben mit unterschiedlichen Sockel- und Schweißnahtkonfigurationen untersucht. Zur besseren Übersicht sind diese tabellarisch geordnet, siehe Tabelle 15.

Tabelle 15 Probenübersicht der untersuchten Mittenrissproben

Probenart	Abmessungen	Probenzustand						
		GW	LBW	FSW	mit Sockel	ohne Sockel	mit BS	ohne BS
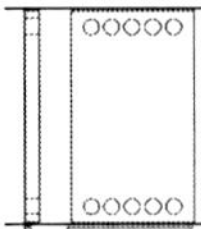	ebenes Blech: S_{HD}= 1,6 bis 5 mm	X				X	X	X
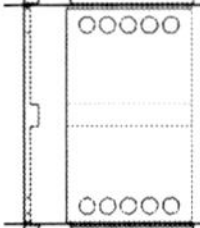	Sockel: S_{HD}= 1,6 mm S_{GSD}= 3,2 mm S_{HB}= 15 mm	X			X		X	X
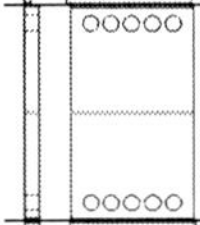	ebenes Blech mit Schweißnaht: S_{HD}= 1,6 bis 5 mm		X	X		X	X	X
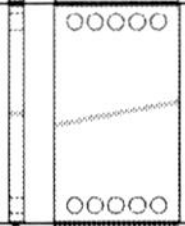	ebenes Blech mit Schweißnaht: S_{HD}= 5 mm α=10°		X			X		X
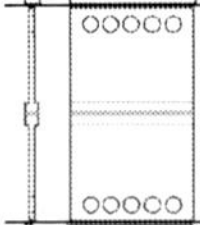	symmetrischer Sockel mit Schweißnaht: S_{HD}= 2 mm S_{GSD}= 5 mm S_{HB}= 15 mm		X		X			X
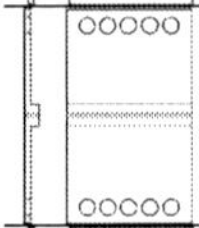	einseitiger Sockel mit Schweißnaht: S_{HD}= 1,6 bis 3 mm S_{GSD}= 2,4 bis 5 mm S_{HB}= 15 bis 50 mm		X	X	X		X	X
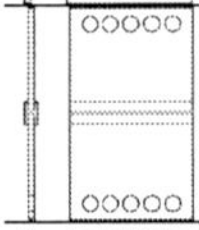	Klebedoppler über Schweißnaht: S_{HD}= 1,6 mm S_{GSD}= 2 mm S_{HB}= 15 und 25 mm		X		Doppler			X
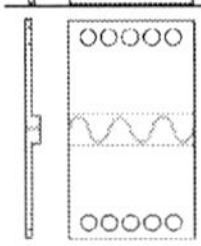	einseitiger Sockel mit Schweißnaht: S_{HD}= 1,6 mm S_{GSD}= 3,2 mm S_{HB}= 50 bis 65 mm λ_{SIN}= 80 und 380 mm		X	X	X		X	X
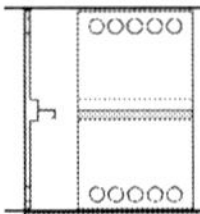	einseitiger Sockel mit Stringer-Haut-Verbindung S_{HD}= 1,6 mm S_{GSD}= 2,6 mm S_{HB}= 15 mm		X		X			X
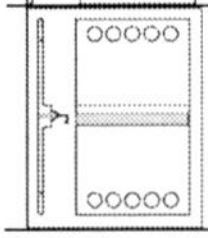	Kombination Haut-Haut- und Stringer-Haut-Verbindung S_{HD}= 1,6 mm S_{GSD}= 2,6 mm S_{HB}= 15 mm		X		X			X

Für die Proben mit Stringer wurden Standard L-Profile mit 2 mm Dicke und ohne Kröpfung des Stringerkopfes verwendet. Stringer mit geteiltem Fuß, so genannte Y-Stringer sind hinsichtlich der geometrischen Ausführung mit geringerem Fußabstand ausgeführt, Bild 7 links. Alle Stringer wurden ausschließlich im gebeizten Zustand verschweißt. Für die Prüfung der zyklischen Rissausbreitung mit Beulstütze wurden je nach Sockelgeometrie und verwendetem Stringer Aussparungen an der Beulstütze vorgenommen. Die Beulstütze selbst wurde zur Reibungsminimierung im Bereich der Kontaktfläche zur Mittenrissprobe mit Teflonfolie beklebt. Für den Versuch wurde die Beulstütze „schwebend" an der Probe montiert, um eine freigängige Probenbewegung zu gewährleisten.

Alle Mittenrissproben wurden mit insgesamt acht Dehnmessstreifen bestückt, um einerseits die Spannung im Hautblech beziehungsweise im Sockel zu kontrollieren und während des Versuchs zu dokumentieren. Dadurch konnte der Beginn einer Probenbeulung während des Versuchs aufgezeichnet und die Beulrichtung erfasst werden. Ein typischer Versuchsaufbau mit Beulstütze ist in Bild 7 rechts dargestellt. Die Ausmessung der Risslänge erfolgte lichtmikroskopisch nach einem Risszuwachs von 2a = 2 beziehungsweise 4 mm. Gleichzeitig wurde über einen COD-Sensor die geometrische Rissöffnung bestimmt.

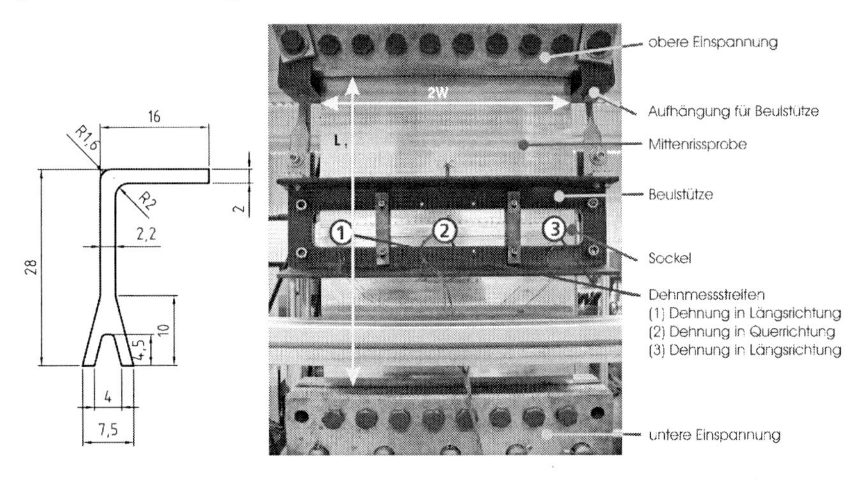

Bild 7 Abmessungen und Ausbildung Y-Stringer (links), Versuchsaufbau für Rissfortschrittsversuch mit Beulstütze (rechts)

Bestimmung des Spannungsintensitätsfaktors ΔK an der Rissspitze

Für die verwendete ebene Mittenrissprobe erfolgte die Berechnung der Spannungsintensität an der Rissspitze entsprechend der Gleichung 1:

$$\Delta K = \Delta\sigma(\pi a)^{\frac{1}{2}} f \, .$$

Weitere Gleichungen für Standardproben sind in umfangreichen Formelsammlungen, siehe zum Beispiel [51], hinterlegt. Für die Geometriefunktion f, die insbesondere den Geometrieeinfluss der Proben beschreibt, existieren ebenfalls Standardlösungen. Für die in der Arbeit vorgeschlagenen angepassten Sockel sind diese jedoch nicht vorhanden. Das heißt, um die Wirkung verschiedener Sockelgeometrien zu bestimmen, müssten entweder analytische beziehungsweise numerische Lösungen berechnet werden. Aufgrund der Vielzahl an geplanten Geometrievarianten und

Werkstoffzuständen muss eine Berechnungsvorschrift des Spannungsintensitätsfaktors gefunden werden. Naheliegend ist die Möglichkeit, jede Sockelprobe wie eine ebene Probe zu behandeln und für die Berechnung der Spannungsintensität entweder die Haut- oder die Sockelspannung zu nutzen. Diesem Ansatz folgend, wurde exemplarisch entweder die Haut- oder die Sockelspannung in die Formel zur Berechnung der Spannungsintensität eingesetzt. Im Bild 8 sind die Kurven mit den entsprechenden Paris-Geraden für die genannten Spannungen aufgetragen. Wie zu erwarten, besitzt die da/dN Kurve für die Sockelprobe, berechnet mit der Sockelspannung, bei konstantem da/dN eine deutlich geringere Spannungsintensität ΔK_S als die mit der Hautspannung berechnete Spannungsintensität ΔK_H. Für die praktische Anwendung bedeutet das, die mit der Hautspannung berechnete Spannungsintensität ist größer als diejenige, die durch die tatsächliche im Sockel wirkende Spannung verursacht werden würde. Damit erbringt die Verwendung der Hautspannung konservative Werte und ist somit für die Sockelproben zu bevorzugen. Im Weiteren wird für alle Sockelproben die Hautspannung zur Berechnung der Spannungsintensität genutzt und mit ΔK_{ref} bezeichnet.

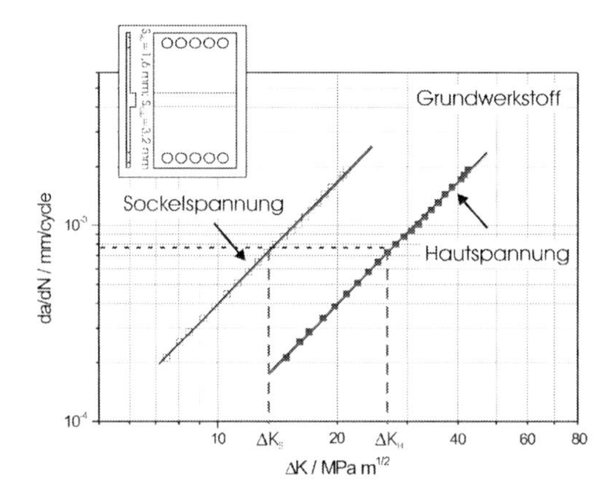

Bild 8 Ermittlung der Spannungsintensität für Sockelproben in Abhängigkeit von der Spannung in der Haut beziehungsweise im Sockel zur Festlegung für die Berechnung der Spannungsintensität von Sockelproben

4.3.3.2 Restfestigkeit

Ziel der Versuche ist die Ermittlung der Restfestigkeit unter Berücksichtigung der Wirkung des Undermatching und des Schweißnahtverlaufs. Dabei sollte geklärt werden, ob generell die Möglichkeit besteht, einen Riss aus der Schweißnaht in den Grundwerkstoff abzulenken. Insbesondere die Ermittlung der Bedingungen (Winkel der Schweißnaht zur Belastungsrichtung, Sockelgeometrie, Schweißnahtverlauf), bei denen ein Riss in den Grundwerkstoff übertritt, sind von Interesse. Unabhängig vom Rissverlauf soll die erreichbare Restfestigkeit der Schweißverbindung im Vergleich zum Grundwerkstoff ermittelt werden. Damit kann eine Aussage zur Tragfähigkeit der verschiedenen Schweißverbindungen im angerissenen Zustand ermittelt werden. Anschließend sollen die experimentell ermittelten Ergebnisse einer abschätzenden Bruchsicherheitsbewertung durch die „SINTAP"-Prozedur unterzogen werden.

Die Restfestigkeit wird in Anlehnung an die QVA-Z10-39-02 bestimmt. Eingesetzt werden zwei Probengeometrien, eine mit 400 mm und eine mit 760 mm Breite die mit einem Startkerb versehen waren. In Tabelle 16 sind beispielhaft die Probengeometrien für Sockelproben unterschiedlicher Größe gegenübergestellt. Orientiert war der Startkerb entweder senkrecht oder unter einem Winkel zwischen 0 und 55° zur Belastungsrichtung. Die Versuchsführung erfolgte in mehreren Schritten. Um Unregelmäßigkeiten in der Belastungsverteilung durch den Einbau der Probe auszuschließen, erfolgte eine statische Vorbelastung der Probe. Während dieses Versuchs wurde die Probendehnung durch Dehnmessstreifen, die in symmetrischer Anordnung auf der Probenvorder- und der Rückseite angebracht waren, erfasst. Aus diesen Messwerten konnte ein Rückschluss auf die Verteilung der eingeleiteten Kräfte auf den gesamten Querschnitt abgeleitet werden. Anschließend wurde die Probe zyklisch belastet, um einen Ermüdungsriss an den Enden des Startkerbs zu erzeugen, die Gesamtrisslänge (Startkerb und Ermüdungsriss) wurde mit einem Messfernrohr bestimmt. Der Ermüdungsanriss wurde nur bei den Proben durch zyklische Belastung erzeugt, deren Startkerb senkrecht zur Belastungsrichtung lag. Für alle anderen Proben wurden die letzten 10 mm des Startkerbs durch einen sehr feinen erodierten Kerb (Drahtdurchmesser 0,1 mm) eingebracht. Im anschließend folgenden Hauptversuch wurde die Probe statisch bis zum Versagen belastet. Zur Berechnung der Restfestigkeit wurde der Maximalwert der Kraft-Weg-Kurve herangezogen. Mit dieser Kraft und der Querschnittsfläche der Haut konnte für ebene Proben die Restfestigkeit berechnet werden. Für Sockelproben wird ebenfalls der Hautquerschnitt zur Berechnung herangezogen, die bestimmte Restfestigkeit wird deshalb als $\sigma_{RF\ ref.}$ angegeben.

Tabelle 16 Probengeometrien zur Ermittlung der statischen, bauteilbezogenen Restfestigkeit

Probengeometrien – Kleinproben		Probengeometrien – Großproben
Restfestigkeits-untersuchung:	$(2W=400) \times (L_t=650) \times (S_{HD}/S_{GSD})$	$(2W=760) \times (L_t=1280) \times (S_{HD}/S_{GSD})$
	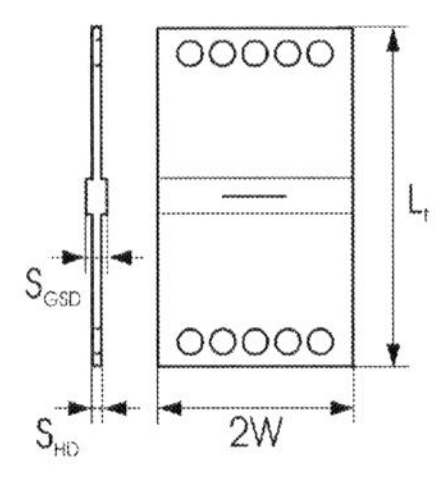	
Startkerb:	$2a_{Start}$ ca. 0,33*2W	$2a_{Start}$ ca. 0,33*2W

4.3.3.3 Verwendung von Beulstützen

In den genannten Normen zur Restfestigkeit beziehungsweise zur zyklischen Rissausbreitung ist für Proben mit einer Blechdicke kleiner als 4 mm die Verwendung einer Beulstütze vorgeschrieben. Der Grund dafür ist die plastische Verformung an der Rissspitze, wodurch die Probe bei ausreichend hoher Zugbelastung beult. Infolge dessen tritt eine Schubbelastung der Rissufer auf, wodurch es zu einer erhöhten Rissfortschrittsgeschwindigkeit kommt. Die ermittelte Rissfortschrittkurve beschreibt dann nicht mehr den tatsächlichen Verlauf, wie er durch eine reine Zugbelastung auftritt.

Mit Blick auf die Vielzahl der geometrischen und schweißtechnischen Veränderungen innerhalb der Probenserie können jedoch nicht für alle Geometrien entsprechenden Beulstützen vorgehalten werden. Das heißt, insbesondere Sockelproben und die entsprechenden Grundwerkstoff-Vergleichsproben wurden ohne Beulstütze untersucht. Dieser Nachteil kann dann akzeptiert werden, wenn die Versuche vergleichenden Charakter haben. Wichtig ist jedoch für die Bewertung der Ergebnisse die Frage, ob die experimentell ermittelten Daten ohne Beulstütze zu konservativen

Ergebnissen bezüglich der Rissfortschrittsgeschwindigkeit führen oder diese überschätzen. Aus diesem Grund wurden für Vergleichszwecke ausgewählte Proben mit beziehungsweise ohne Beulstütze geprüft. Die Beulstützen wurden für diese Versuche an die Sockelgeometrie angepasst. Typisch war eine Beulstütze, die im Bereich des Sockels keinen Kontakt zwischen Beulstütze und Prüfkörper besitzt. Wurden Proben mit wesentlich breiterem Sockel untersucht, erfolgte die Ausbildung der Beulstütze so, dass sowohl das Hautblech als auch der Sockel geführt wurden. Damit kann die im Sockelbereich durchaus auftretende Beulung unterdrückt werden.

Im Gegensatz zu den zyklischen Rissfortschrittsversuchen anrissbehafteter Proben wurden alle Versuche zur Restfestigkeit und einer Probenbreite von 760 mm ausschließlich mit Beulstütze durchgeführt. Aufgrund der reduzierten Anzahl verschiedener Geometrien wurden angepasste Beulstützen hergestellt und genutzt.

5 Ergebnisse und Diskussion

5.1 Vorbemerkungen

In diesem Kapitel werden die durchgeführten Versuche ausgewertet, beurteilt und Ergebnisse verglichen sowie Schlussfolgerungen gezogen, um einen Beitrag zur Verbesserung der Belastbarkeit von Haut-Haut-Schweißverbindungen für metallische Integralrumpf-Strukturen zu leisten. Das umfasst die Bewertung der Schweißnahtqualität, die statische Festigkeit, die Ermüdungsfestigkeit und die Schadenstoleranz. Der erste Teil des Kapitel 5 untergliedert sich deshalb in die Abschnitte:

- Bewertung der Schweißnahtqualität (Porenaufkommen, Mikrohärtmessung, Abschätzung des Festigkeits-Undermatching)
- Charakterisierung der statischen Belastbarkeit von Haut-Haut-Verbindungen durch
    - Zugversuche zur Beschreibung der Verbindungseigenschaften in Abhängigkeit von der Breite der Wärmeeinflusszone und der Schweißgutbreite
    - Zugversuche zur Ermittlung der lokalen Festigkeit (Minizugproben)
    - Scherversuche zur Abschätzung der Festigkeit zwischen Schweißgut und Wärmeeinflusszone, der so genannten Schmelzlinie
    - Bestimmung des Festigkeits-Undermatching der Haut-Haut-Verbindung
- Beurteilung der zyklischen Belastbarkeit der Stumpfstoßverbindung durch
    - Bestimmung der Schwingfestigkeit für die intakte Struktur (Wirkung verschiedener Bearbeitungszustände auf die Lebensdauer der Schweißverbindung)
    - Ermittlung der Kerbempfindlichkeit des Schweißgutes im Vergleich zum Grundwerkstoff, zur Bewertung der Wirkung von Fehlstellen
- Ermittlung der Schadenstoleranz von Schweißverbindungen gegenüber der des Grundwerkstoffs unter Berücksichtigung des Undermatching

Im Anschluss werden die vorgeschlagenen Konzepte zur Verbesserung der Belastbarkeit von Haut-Haut-Schweißverbindung genauer untersucht und Aussagen zu deren Chancen und Grenzen für zukünftige Anwendungen abgeleitet. Darüber hinaus erfolgt in Abschnitt 5.5.2 eine bruchmechanische Bewertung der Rissfortschrittsergebnisse. Das umfasst sowohl den Einfluss der Schweißnaht als auch des Schweißnahtsockels auf die Rissfortschrittsgeschwindigkeit. Außerdem wird das Verhalten der rissbehafteten Schweißverbindung unter statischer Belastung charakterisiert. Die Ergebnisse der Restfestigkeit werden durch eine überschlägige Bewertung mittels „SINTAP"-Prozedur beurteilt. Erweitert wird die Einschätzung der Verbindungseigenschaften in Abschnitt 5.6 durch die Untersuchung anderer Bauweisen, die ebenfalls zur Verbesserung der Belastbarkeit beitragen sollen. Dazu zählt einerseits der Einsatz zusätzlich auf die Schweißnaht aufgeklebter Doppler als auch die Kombination der Stringer-Haut- mit der Haut-Haut-Verbindung. Diese Varianten werden hinsichtlich ihrer Schadenstoleranz getestet und beurteilt. Abschließend findet eine Betrachtung zur Übertragbarkeit der Ergebnisse auf die Rumpfstruktur und deren Chancen auf eine technische Anwendung statt. Der Gewichtsvorteil, den diese neue Bauweise ermöglichen soll, wird abgeschätzt. Es werden Aspekte zur Skalierung der Versuchsergebnisse dargelegt sowie fertigungstechnische Möglichkeiten bewertet. Ein weiterer Punkt ist die Übertragbarkeit der Ergebnisse auf mechanische Schweißverfahren. Dazu wird ein Vergleich zu dem alternativen Schweißverfahren des Rührreibschweißens durchgeführt.

5.2 Bewertung der Schweißnahtqualität

Die metallographische Charakterisierung der Schweißnahtqualität erfolgt nach visueller Auswahl der Haut-Haut-Verbindung. Dargestellt sind Schweißnähte, deren Nahtausbildung gleichmäßig war und die keine Auswürfe oder sonstige Fehlstellen aufwiesen. Die in Tabelle 17 aufgezeigten Querschliffe sind charakteristisch für Haut-Haut-Verbindungen, die mit den Schweißkonzepten (Twinspot, Monospot) hergestellt wurden. Sie besitzen Unterschiede in der Streckenenergie, wodurch sich unter anderem die Breite der Schweißnaht ändert. Während im Fall der schmalen Linearnaht die Schmelzlinien nahezu parallel verlaufen, sind sie bei Verwendung der Twinspot-Anordnung kelchförmig ausgeformt. Die Symmetrie der Linearschweißnähte ist für beide Varianten vorhanden, währenddessen die Sinusschweißnaht davon abweicht.

Tabelle 17 Schweißnahtausbildung in Abhängigkeit von der Streckenenergie und der Strahlausbildung

Parameter	Einheit	Linearnaht – breit	Linearnaht – schmal	Sinusnaht
optische Anordnung:	[/]	Twinspot	Monospot	Monospot
Streckenenergie:	[kJ/cm]	2,0	0,95	1,0
Silizium Gehalt:	[%]	2,45	1,7	1,71
tatsächliche Schweißnahtlänge:	[mm/m]	1000	1000	λ=80 mm / 1644 λ=380 mm / 1026
Schweißnaht-querschnitt:	[mm²]	23,8 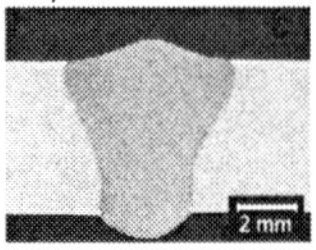 2 mm	9,0 2 mm 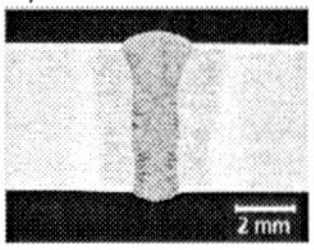	12,7 2 mm 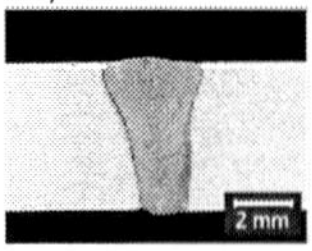

Besondere Aufmerksamkeit kam der Bewertung unterschiedlich hergestellter Sinusschweißnähte zu, da sich während des Schweißprozesses die Vorschubrichtung der Schweißnaht relativ zur Zufuhr des Schweißzusatzwerkstoffes kontinuierlich ändert. Infolge dessen ist die Ausbildung der Sinusschweißnaht asymmetrisch. Dieser Effekt kann mit der Schweißnahtposition erklärt werden. Im Bereich starker Umorientierung, zum Beispiel am Umkehrpunkt der Sinushalbwelle, ist dies am deutlichsten sichtbar, Bild 9. Ändert sich die Orientierung zwischen Vorschubrichtung und dem Anstieg des Kurvenverlaufs, verschiebt sich auch die Wölbung der Schweißnaht beziehungsweise der Schmelzlinie. Sie liegt immer auf der Seite, die in Richtung des Vorschubs zeigt. Am Umkehrpunkt selbst ist die Symmetrie der Schweißnaht weitestgehend vorhanden. Inwieweit die Zufuhr des Schweißzusatzwerkstoffs Einfluss auf die Schweißnahtgeometrie ausübt, lässt sich nicht vollständig klären.

Die Stumpfstoßschweißnaht ist tendenziell breiter und weist eine geringere Nahtüberhöhung auf als die Blindnaht. Dies lässt sich durch den technischen Nullspalt zwischen den Blechabschnitten erklären, durch den ein Materialverlust vorliegt. Das Porenaufkommen im Querschliff ergibt trotz der ständig wechselnden Orientierung kaum einen Unterschied zu geradlinig geschweißten Proben. Das heißt, der Schweißprozess ist ausreichend robust.

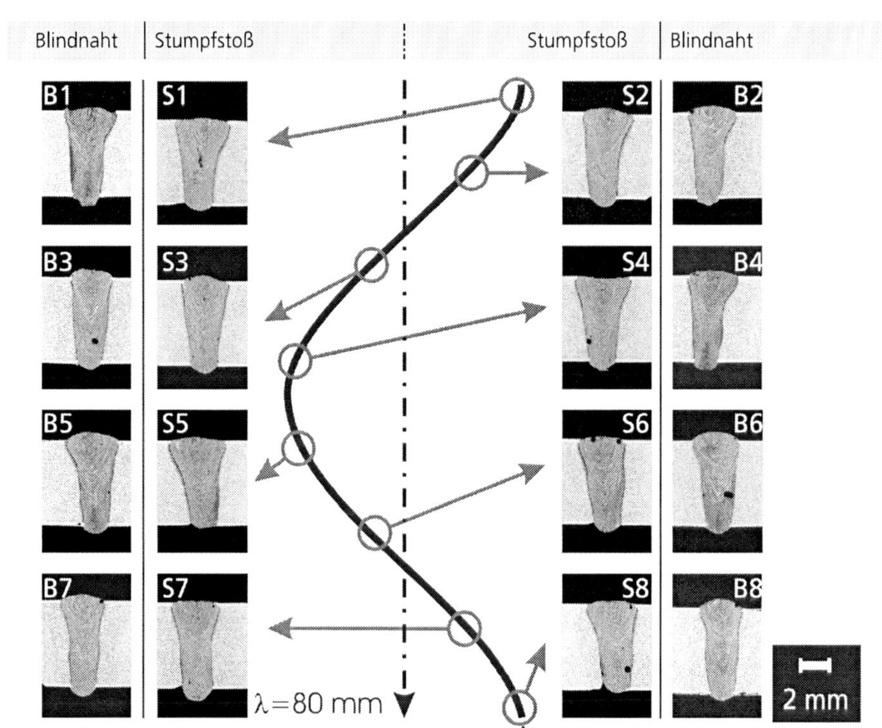

Bild 9 Schweißnahtausbildung einer Sinusschweißnaht mit einer Wellenlänge λ = 80 mm für eine Blindnaht und eine Stumpfstoßschweißnaht

Die Schweißnaht wurde auch hinsichtlich der Dispersoidverteilung und Wiederaufschmelzungsrisse bewertet. Untersuchungen an Linear-Schweißverbindungen zeigen die Ausbildung von dispersoidfreien Bereichen wie sie bereits im Kenntnisstand beschrieben wurden. Sie befinden sich unmittelbar neben dem Schweißgut im Bereich der Wärmeeinflusszone und verteilen sich entlang der ersten Kornreihen. Der restliche Kornquerschnitt ist mit fein verteilten Dispersoiden ausgefüllt, siehe Bild 10.

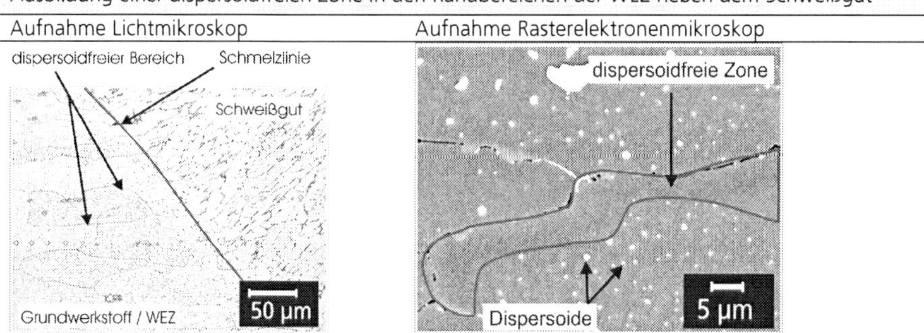

Bild 10 Metallographische Analyse der Randbereiche neben dem Schweißgut

Im Übergangsbereich zwischen Schweißgut und Wärmeeinflusszone liegt ein ungestörtes Gefüge, ohne Wiederaufschmelzungsrisse an den Korngrenzen, vor. Somit ist anzunehmen, dass die niedrig schmelzenden Phasen zwischen den Körnern nicht durch die thermisch hervorgerufenen Spannungen während des Laserstrahlschweißen beeinflusst werden.

Im Weiteren erfolgt eine Qualitätsbewertung der Schweißverbindung mittels der zerstörungsfreien Prüfmethode Röntgen. Dieses Verfahren gibt ein gutes Abbild des Porenaufkommens im Schweißgut. Dazu wurden die Proben mit einem Röntgengerät der Fa. Seifert Type Eresco 200 MF1 nach DIN 1435 aufgenommen. Die Auswertung des Filmmaterials erfolgte manuell, wobei in drei Porenklassen unterschieden wurde. Das Ergebnis der Messung für eine Schweißnaht von ca. 300 mm Länge ist in Bild 11 dargestellt. Insgesamt wurden 7 verschiedene Zustände, die eine Beeinflussung der Schweißnahtqualität zur Folge haben können, bewertet. Dazu zählen die Probenvorbereitung, die verwendeten Schweißparameter und verschiedene Positioniertoleranzen.

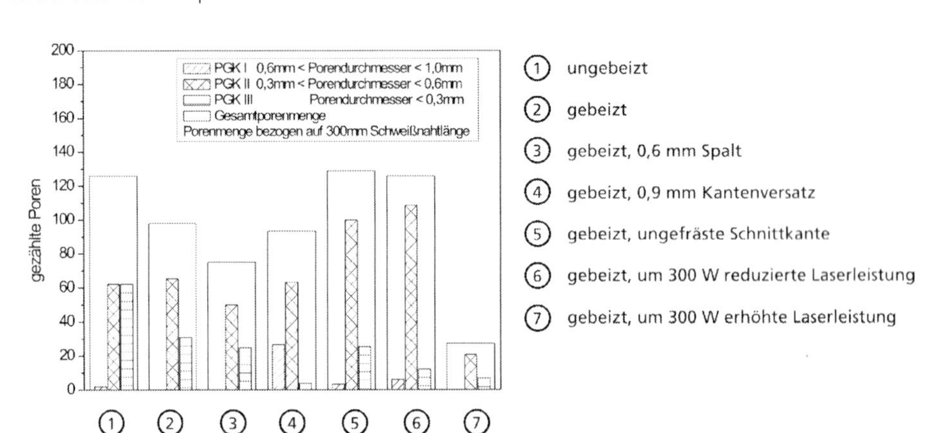

Bild 11 Einfluss von Laserleistung, Behandlungszustand, Kantenversatz und Spaltmaß auf die Porenbildung / Linearschweißnaht: 5 mm Blech, Legierung 6013; Laserschweißung mit Twinspot und Streckenenergie E_S=1,9 kJ/cm

Für die folgenden Zustände wurde ein geringes Porenaufkommen ermittelt:

- Bauteile vor dem Laserstrahlschweißen gebeizt, Oxidschicht deshalb reduziert
- leichter Spalt zwischen den Fügekanten, 0,6 mm bei 5 mm Blechdicke
- erhöhte Laserleistung im Vergleich zum Standardparameter

Ungünstig auf die Porenmenge in den untersuchten laserstrahlgeschweißten Haut-Haut-Verbindungen wirken sich aus:

- verunreinigte Fügekanten (Proben nicht gebeizt)
- eine große Rauhigkeit der Fügekanten, Proben nicht befräst und
- zu geringe Laserleistung

Die Abhängigkeit der Schweißnahtqualität von der Bauteilpositionierung ist durch den Vergleich der Varianten 3 und 4 zur Standardprobe 2 gegeben. Das Porenaufkommen im Schweißgut ist trotz eines Kantenversatzes der Fügepartner von 0,9 mm mit dem der gebeizten Standardprobe zu vergleichen. Der Anspruch an eine qualitätsgerecht ausgeführte Schweißnaht wird durch die Fehlpositionierung jedoch gestört. Der Kantenversatz wäre im Bauteil deutlich zu sehen, und es ist davon auszugehen, dass die mechanischen Eigenschaften dadurch nachteilig beeinflusst werden.

Für die weiteren Versuche wurde der Zustand 2 gewählt, da das mittlere Porenaufkommen der Schweißnaht gering ist und Poren mit einem Durchmesser größer als 0,6 mm nicht zu erwarten sind. Aufgrund der im Vergleich zur schmalen Schweißnaht sehr hohen Streckenenergie wurde nicht mit erhöhter Laserleistung geschweißt, obwohl dadurch die Porenanzahl weiter reduziert werden könnte.

Da in der Arbeit verschiedene Schweißprozesse zur Anwendung kamen, wurde deren Einfluss auf die Schweißnahtqualität für eine Nahtlänge von 300 mm bewertet, Bild 12. Das Schweißverfahren mit Monospot und geringer Streckenenergie (siehe Variante 2) führt zu einer Verschiebung der Porenanteile innerhalb der untersuchten Größenklassen. Insgesamt werden zwar mehr Poren erzeugt, diese sind im Vergleich zu einer breiten Schweißnaht mit großer Streckenenergie (Zustand 1) überwiegend der Kategorie kleiner Poren bis ca. 0,3 mm Durchmesser zuzuordnen. Die Nutzung eines CO_2-Lasers mit hoher Laserleistung (DC060, 6 kW Laserleistung) ist deshalb gegenüber dem aufwändigeren Verfahren mit zwei CO_2-Lasern geringerer Laserleistung zu bevorzugen.

Die untersuchten Sinusschweißnähte wurden entweder im Stumpfstoß oder als Blindnaht mit dem Monospot-Verfahren ausgeführt und sind in Bezug auf ihre Streckenenergie vergleichbar mit der Linearschweißnaht. Werden Blindnähte erzeugt, reduziert sich die Porenmenge obwohl der Prozess durch die starke Umorientierungsbewegung beeinflusst wird. Die Porenanzahl ist vergleichbar mit der einer breiten Twinspot-Schweißnaht, vereinzelt finden sich Poren mit einem Durchmesser größer als 0,6 mm. Dieser Effekt ist unabhängig von der Wellenlänge der Sinusschweißnaht.

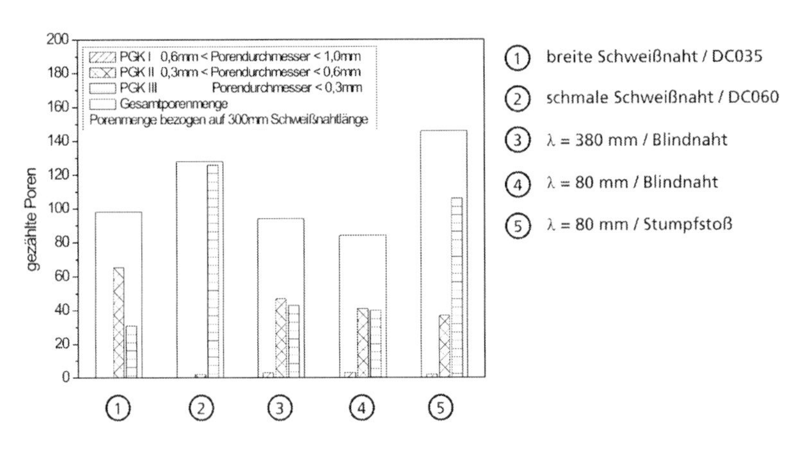

Bild 12 Vergleich der Porenhäufigkeit in Abhängigkeit vom Schweißverfahren und dem Schweißnahtverlauf

Etwas höher ist die Porenanzahl, wenn die Sinusschweißnaht (λ_{SIN}=80 mm) im Stumpfstoß ausgeführt wird. Insbesondere der Anteil sehr kleiner Poren steigt an, während die Anzahl der Poren in der mittleren und großen Porengrößenklasse leicht abnimmt.

Die Ergebnisse bestätigen, dass eine gute Nahtvorbereitung und ein stabiler Schweißprozess, trotz der schwierigen Schweißnahtkontur, zu einer hervorragenden Schweißnahtqualität beitragen.

Der Einfluss der Streckenenergie auf das Schweißergebnis lässt sich am besten mit einer Mikrohärtemessung quer zur Schweißnaht beschreiben, siehe Bild 13. Verglichen werden Haut-Haut-Schweißverbindungen, die entweder mit der Monospot-Schweißoptik oder mit der Twinspot-

Anordnung erzeugt wurden. Doppelter Energieeintrag (Twinspot) führt zu einer Verbreiterung des Schweißgutes um den Faktor 2, während sich die Wärmeeinflusszone nur um den Faktor 1,35 vergrößert.

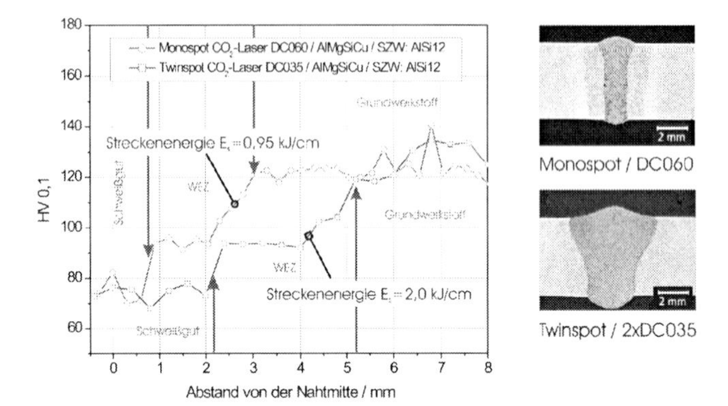

Bild 13 Härteverteilung in laserstrahlgeschweißten Haut-Haut-Verbindungen bei unterschiedlicher Streckenenergie und verschiedenen Spotanordnungen im Zustand T6 LBW

Aus der Härtemessung kann bereits die Veränderung der Eigenschaften von Schweißverbindungen gegenüber denen des Grundwerkstoffs abgeschätzt werden. Der Härteverlust im Schweißgut liegt bei ca. 40 % im Vergleich zum Grundwerkstoff. Die Wärmeeinflusszone besitzt eine im Gegensatz zur ursprünglichen Legierung um 25 % reduzierte Härte. Damit ist ein Hinweis auf das Ausmaß des Undermatching zwischen Schweißgut und Grundwerkstoff gegeben.

Der Härteanstieg zwischen Schweißgut und Wärmeeinflusszone vollzieht sich sprunghaft, während sich die Härte zwischen Wärmeeinflusszone und Grundwerkstoff kontinuierlich angleicht. Die Beeinträchtigung des Grundwerkstoffs durch die gesamte Schweißnaht ist auf ca. 11 mm begrenzt und kann durch Verwendung des Monospots und entsprechend hoher Laserleistung auf ca. 6 mm reduziert werden.

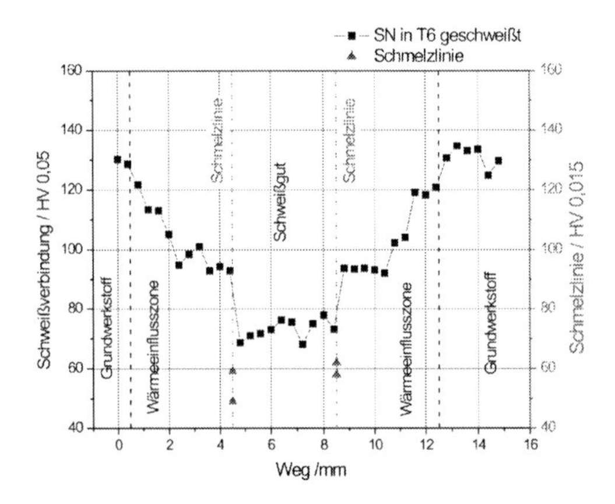

Bild 14 Härteverlauf über die Schweißnaht mit lokaler Messung im Bereich der Schmelzlinie

Bei der bisher durchgeführten Messung unberücksichtigt bleibt die Härte der Schmelzlinie. Für die mechanischen Eigenschaften der Schweißverbindung kann dieser Bereich jedoch entscheidend sein und muss genauer untersucht werden, Bild 14. Da es sich um die Grenzlinie zwischen Schweißgut und Wärmeeinflusszone handelt, wird der Härteeindruck so gewählt, dass die benachbarten Gefügebereiche den Messwert möglichst nicht oder nur wenig beeinflussen. Die Härte der Schmelzlinie wurde mit deutlich geringerer Prüflast (HV0,015) bestimmt. Die Messung ergibt eine geringere Mikrohärte in der Schmelzlinie als im Schweißgut.

5.3 Statische Belastbarkeit der Schweißverbindung im Vergleich zum Grundwerkstoff

Zur Bewertung der statischen Belastbarkeit von Haut-Haut-Schweißverbindungen wurden Querzugversuche durchgeführt. Die verwendeten Probengeometrien sind in Abschnitt 4.3.1 beschrieben. Als Vergleichswert der Verbindungsfestigkeit dienen die Werte des Grundwerkstoffs. Abweichend von der für Querzugproben üblichen Nahtlage, wurde die Schweißnaht zusätzlich unter 45° zur Belastungsrichtung geprüft. Darüber hinaus wurden Minizugproben aus dem Schweißgut und der Wärmeeinflusszone herauspräpariert, um die lokale Festigkeit der Schweißnahtbereiche zu charakterisieren. Die Größe der Minizugproben wurde gemäß dem Schweißnahtquerschnitt der Proben mit schmaler Schweißnaht gewählt. Aufgrund der geometrischen Unterschiede zwischen Standard- und Minizugprobe ist ein Einfluss auf die Festigkeit nicht auszuschließen und wird anhand des Grundwerkstoffs beurteilt. Die Bewertung der flächigen Grenzschicht zwischen Schweißgut und Wärmeeinflusszone erfolgte hinsichtlich ihrer Eigenschaften an dem im Abschnitt 4.3.1.2 beschriebenen Scherversuch.

Die Schweißverbindungen wurden mit und ohne nachträgliche Wärmebehandlung, mit und ohne Kaltverformung sowie mit unterschiedlicher Schweißnahtbreite geprüft. Die lokalen Eigenschaften von Schweißgut und Wärmeeinflusszone wurden im geschweißten Zustand und mit zusätzlicher Wärmebehandlung untersucht. Der Grundwerkstoff ist ausschließlich im ausgelagerten Zustand geprüft worden und bildet die Grundlage für die Berechnung des Undermatching.

Die Versuche wurden mit dem Ziel durchgeführt, zunächst die erzeugte Schweißverbindung in ihren statischen Eigenschaften zu beschreiben und anschließend eine Bewertung im Vergleich zum Grundwerkstoff vorzunehmen. Dies ist notwendig, um das für die Legierung 6013 typische Undermatching zu charakterisieren, Schlussfolgerungen für den günstigsten Schweißnahtzustand im Flugzeugrumpf abzuleiten und Vorschläge zur Verbesserung der Eigenschaften von Schweißverbindungen zu erarbeiten. Darüber hinaus liefern die lokalen Eigenschaften der Schweißverbindung Eingangsdaten für die Modellierung des Verformungsverhaltens. Besondere Aufmerksamkeit kam den Kennwerten Bruchdehnung und Streckgrenze von Haut-Haut-Schweißverbindung zu, da diese für einen sicheren Betrieb ausreichend hoch sein sollten, um im besten Fall denen des Grundwerkstoffes zu entsprechen. Die ebenfalls zu den statischen Kennwerten zählende Restfestigkeit der Schweißverbindung wird nicht in diesem Abschnitt bewertet sondern erst unter Punkt 5.5.3.

Ausgehend von der im Abschnitt 5.2 beschriebenen Mikrohärteverteilung mit deutlich geringeren Messwerten in der Wärmeeinflusszone und dem Schweißgut im Vergleich zum Grundwerkstoff ist ein Festigkeitsabfall der Schweißverbindung zu erwarten. In Bild 15 sind die Zugfestigkeit und die Streckgrenze für den Grundwerkstoff und die Schweißverbindungen unter der Belastungsrichtung 90° und 45° dargestellt. Für jede Variante wurden zwischen fünf und sechs Proben geprüft.

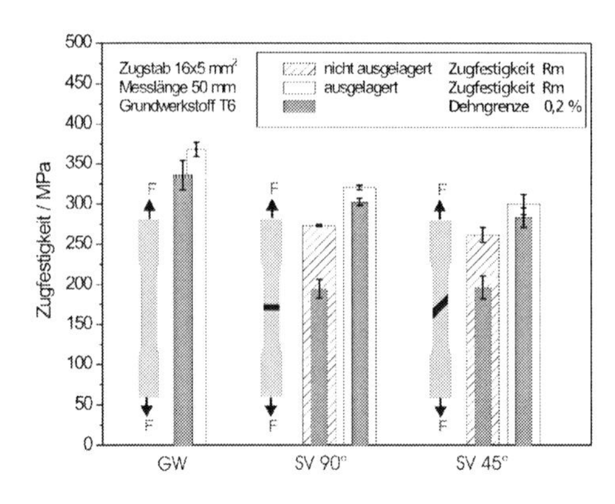

GW Grundwerkstoff T6

SV 90° T6 LBW Schweißverbindung 90° zur BLR

SV 45° T6 LBW Schweißverbindung 45° zur BLR

BLR Belastungsrichtung

Bild 15 Festigkeit von Grundwerkstoff und Schweißverbindung in Abhängigkeit vom Ausscheidungszustand und der Belastungsrichtung

Es können folgende Aussagen aus den Versuchen und Bild 15 abgeleitet werden:

- die Zugfestigkeit R_m der Schweißverbindung ist ca. 25 % niedriger als die des Grundwerkstoffes, während die 0,2%-Dehngrenze ($R_{p0,2}$) ca. 42 % geringer ist
- eine nachträgliche Wärmebehandlung der Schweißverbindung bei 190°C für 4 h verbessert die statische Festigkeit sehr stark, die 0,2%-Dehngrenze der Schweißverbindung erreicht ca. 81 % der des Grundwerkstoffs, die Zugfestigkeit steigt auf 87 %
- der Bruch der Probe erfolgt immer im Schweißgut, unabhängig vom Auslagerungszustand
- eine Bruchdehnung der Schweißverbindung (0,5 bis 1,9 %) im Vergleich zum Grundwerkstoff ist kaum oder gar nicht zu beobachten

Für die statischen Eigenschaften der Schweißverbindung ist es weitgehend unerheblich, ob die Schweißnaht unter 90° zur Belastungsrichtung (BLR) oder unter einem Winkel von 45° zur Belastungsrichtung beansprucht wird. Im Rahmen der Streuung liegen die Messwerte beider Varianten auf gleichem Niveau.

Wird statt einer Wärmebehandlung zur Festigkeitssteigerung die Kaltverformung genutzt, lässt sich im Vergleich zur unbehandelten Schweißverbindung ein deutlicher Anstieg der Kennwerte erzielen, Bild 16. Ermöglicht wird die Umformung durch schmale Walzen, die über das Schweißgut geführt werden und deren Wirkung nur auf diesen Bereich begrenzt ist. Voraussetzung dafür ist eine ausreichende Materialansammlung sowohl auf der Nahtoberseite als auch an der Schweißnahtwurzel. Am besten eignet sich dafür die breite Schweißnaht (siehe Tabelle 17, 2x DC035) mit deutlicher Nahtüberhöhung. Praktisch wurde die Nahtüberhöhung der Schweißverbindung durch die Kaltumformung nahezu vollständig eingeebnet und entsprach anschließend der Blechdicke.

Durch die Kaltverfestigung wird die Versetzungsdichte im Schweißgut je nach eingestelltem Umformgrad unterschiedlich stark erhöht. In Bild 16 sind die Ergebnisse des Zugversuchs dargestellt:

- die 0,2%-Dehngrenze der kaltverformten Schweißverbindung steigt um ca. 30 % an, die Zugfestigkeit um ca. 10 %. Damit liegen beide Festigkeitswerte ca. 5 % unter denen, die durch klassische Warmauslagerung erreicht werden
- wird die kaltverformte Verbindung durch die üblicherweise durchgeführte Wärmebehandlung bei 190°C für 4 Stunden zusätzlich beeinflusst, steigt die 0,2%-Dehngrenze um weitere 5 %, die Zugfestigkeit um ca. 1 % an

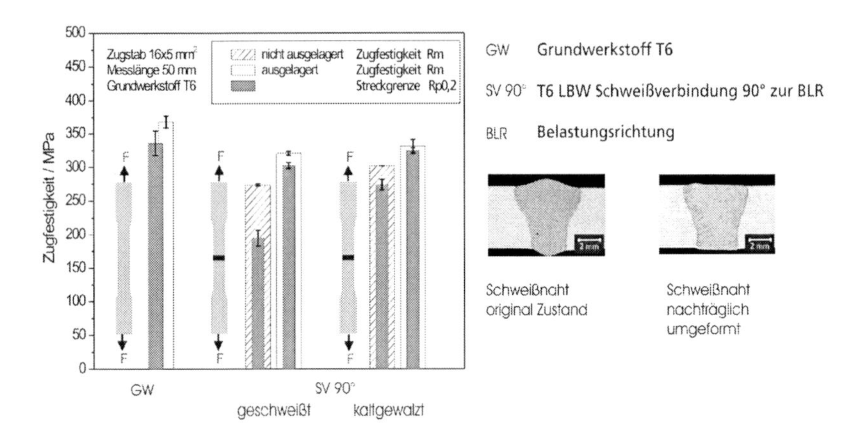

Bild 16 Vergleich der Festigkeitskennwerte für eine nachträglich kalt verformte Schweißverbindung

Die Kaltumformung bietet den Vorteil, unmittelbar im Anschluss an den Schweißprozess erfolgen zu können. Der erhebliche Aufwand einer nachträglichen Wärmebehandlung für das gesamte Bauteil wäre nicht mehr erforderlich. Weiterhin würde das Einformen der Schweißnahtüberhöhung beziehungsweise der Schweißnahtwurzel ein Überfräsen der Schweißnaht, zur Erzeugung eines gleichmäßigen Haut-Haut-Übergangs, überflüssig machen. Wie bereits angedeutet, ist eine Probenverlängerung der Schweißverbindung im Vergleich zum Grundwerkstoff kaum oder gar nicht zu beobachten. Neben den statischen Eigenschaften wurde im Zugversuch auch die Bruchdehnung ermittelt. In

Tabelle 18 ist neben den Festigkeitswerten die Bruchdehnung für die untersuchten Zustände zusammengestellt.

Tabelle 18 Kennwertübersicht für Grundwerkstoff und Schweißgut in Abhängigkeit von der Belastungsrichtung (BLR), dem Wärmebehandlungszustand und dem Kaltverformungszustand

	$R_{p0,2}$ [MPa]		R_m [MPa]		A_{Bruch} [%]	
Probenbezeichnung	nicht ausgelagert	ausgelagert	nicht ausgelagert	ausgelagert	nicht ausgelagert	ausgelagert
Grundwerkstoff T6	/	336	/	368	/	15,6
SV 45 ° zur BLR	196	261	283	300	1,9	1,7
SV 90° zur BLR	194	273	302	320	1,9	0,9
SV 90° zur BLR mit Kaltverformung	273	302	324	331	1,3	0,5

Die Bruchdehnung der Schweißverbindung fällt im Vergleich zum Grundwerkstoff dramatisch ab, sie liegt im Mittel bei maximal 1,9 % für die nicht ausgelagerten Proben. Werden die Zugproben warmausgelagert oder kaltverformt und anschließend geprüft, wird die Bruchdehnung noch geringer und liegt im ungünstigsten Fall bei 0,5 %. Aufgrund dieser erheblichen Reduzierung der Bruchdehnung von Schweißverbindungen im Vergleich zum Grundwerkstoff der Legierung 6013 ist ein geometriebedingter Einfluss auf die Kennwerte nicht auszuschließen. Deshalb sollen im Folgenden die lokal vorliegenden statischen Eigenschaften des Schweißgutes und der Wärmeeinflusszone bestimmt werden. In Bild 17 sind für den Werkstoff 6013 im geschweißten Zustand (siehe linkes Diagramm) und mit nachträglicher Wärmebehandlung (siehe rechtes Diagramm) die Spannungs-Dehnungs-Kurven von Grundwerkstoff, Wärmeeinflusszone und Schweißgut (Bezeichnung von oben nach unten), ermittelt an Minizugproben (siehe Tabelle 11), zusammengestellt.

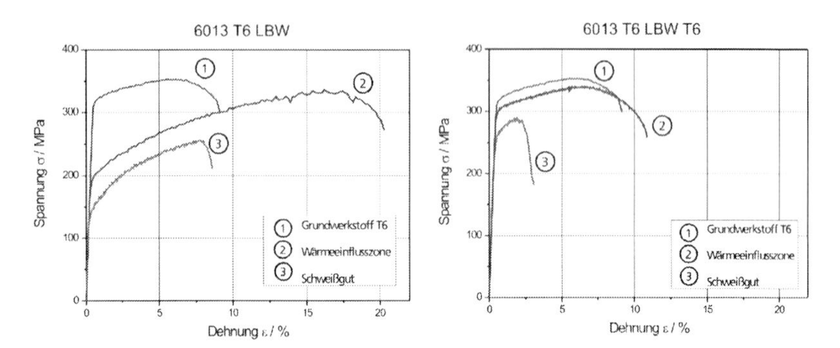

Bild 17 Verformungskurven für das Schweißgut, die Wärmeeinflusszone und den Grundwerkstoff, durchgeführt an Minizugproben mit einer Messlänge von 8 mm, Probengeometrie siehe Abschnitt 4.3.1.1 (Legendenbezeichnung im Diagramm von oben nach unten)

Ähnlich der Mikrohärtewerte aus Bild 14 für das Schweißgut und die Wärmeeinflusszone im Vergleich zum Grundwerkstoff, ordnen sich die lokalen Eigenschaften der Schweißnahtbereiche in das Spannungs-Dehnungs-Diagramm ein. Das Schweißgut weist eine niedrigere 0,2%-Dehngrenze auf als die Wärmeeinflusszone, die ihrerseits geringer ist als die des Grundwerkstoffs. Diese Reihenfolge ist für beide Wärmebehandlungszustände gleich. Durch die nachträgliche Auslagerung des Schweißgutes steigt die 0,2%-Dehngrenze um ca. 100 MPa an, während der Anstieg der Zugfestigkeit mit ca. 20 MPa wesentlich moderater ausfällt. Die Bruchdehnung des Schweißgutes ist mit ca. 8 % im geschweißten Zustand und 2,5 % im ausgelagerten Zustand höher als bei der Schweißverbindung.

Bemerkenswert sind die mechanischen Eigenschaften der Wärmeeinflusszone. Nach dem Schweißvorgang liegt eine Bruchdehnung von ca. 20 % vor, die sich oberhalb der des Grundwerkstoffes befindet. Auch im ausgelagerten Zustand besitzt die Wärmeeinflusszone eine höhere Bruchdehnung als der Grundwerkstoff. Ein signifikanter Unterschied zeigt sich auch in der 0,2%-Dehngrenze für die Wärmeeinflusszone. Diese wird durch nachträgliches Auslagern um ca. 100 MPa angehoben und erreicht damit nahezu das Niveau des Grundwerkstoffs.

In Tabelle 19 sind die Messwerte der einzelnen Bereiche einer Schweißverbindung der Legierung 6013 zusammengefasst. Darin enthalten ist auch der Wert des Festigkeits-Undermatching. Berechnet ist dieser aus der lokalen Festigkeit und nicht aus der Verbindungsfestigkeit. Im geschweißten Zustand liegt ein Festigkeits-Undermatching von 0,45 vor, welches durch die nachträgliche Auslagerung des Schweißgutes auf 0,8 ansteigt.

Tabelle 19 Übersicht der Festigkeitseigenschaften der Gefügebereiche Grundwerkstoff, Wärmeeinflusszone und Schweißgut in Abhängigkeit vom Auslagerungszustand

Minizugproben, nach Abschnitt 4.3.1.1 Bezeichnung	$R_{p0,2}$ [MPa]	M nicht ausgelagert	M ausgelagert	R_m [MPa]	A_{Bruch} [%]
Grundwerkstoff T6	305	0,45		359	11
Schweißgut T6 LBW	138			245	8,1
Grundwerkstoff T6	305		0,80	359	11
Schweißgut T6 LBW T6	245			271	2,5
WEZ T6 LBW	194			338	19,5
WEZ T6 LBW T6	300			343	10,6

Bei den bisher verwendeten Probengeometrien handelt es sich um rechteckige Prüfquerschnitte, die unterschiedliche Flächeninhalte und Messlängen aufweisen. Infolge dessen besteht die Gefahr, Abweichungen zwischen den Messergebnissen für die Standardproben und den für die Minizugproben bei identischem Werkstoff zu ermitteln. Die Messergebisse der Zugversuche sollten zunächst am Beispiel des Grundwerkstoffs bewertet werden. Die 0,2%-Dehngrenze des Grundwerkstoffs, ermittelt an Minizugproben, liegt bei 305 MPa, die Zugfestigkeit bei 359 MPa und die Bruchdehnung bei 11 %. Im Vergleich dazu werden mit der Standardzugprobe bei einem Prüfquerschnitt von 16 x 5 mm² Werte von 336 MPa für die 0,2%-Dehngrenze und 368 MPa für die Zugfestigkeit sowie 15,6 % Bruchdehnung gemessen. Der Unterschied zwischen den Kennwerten aus dem Zugversuch für die Standardprobe und Minizugprobe liegt bei maximal 10 % in der statischen Festigkeit und 30 % in der Bruchdehnung. Somit ist davon auszugehen, dass bei Verwendung der Kennwerte aus dem Minizugversuch die Bewertung der Schweißnaht nicht zu hoch erfolgt. Die Angabe der Werte für das Mismatch ist damit konservativ und somit geeignet für die Nutzung in FE-Simulationen.

Abschließend soll der Einfluss der Schweißnahtbreite auf die Verbindungseigenschaften experimentell ermittelt und nachfolgend bewertet werden. Zu diesem Zweck wurden Standardzugproben aus dem Grundwerkstoff und aus der Schweißverbindung mit schmaler beziehungsweise breiter Fügezone entnommen (siehe Tabelle 17) und im statischen Zugversuch die Spannungs-Dehnungs-Kurven ermittelt. In Bild 18 ist neben den Verformungskurven der genannten Proben zusätzlich die Kurve einer charakteristischen Minizugprobe des Schweißgutes aufgetragen. Die Messung der Dehnung für die Schweißverbindung bezieht sich auf die übliche Prüflänge von 50 mm beziehungsweise bei der Minizugprobe auf 8 mm.

Obwohl der Unterschied in der Schweißnahtbreite nur wenige Millimeter beträgt, ist eine Änderung in der Bruchdehnung und der 0,2%-Dehngrenze zu verzeichnen, Bild 18. Die Probe mit breiter Schweißnaht versagt bei einer größeren Bruchdehnung, als es bei der Probe mit schmaler Schweißnaht der Fall ist. Hingegen reduziert sich die 0,2%-Dehngrenze bei einer größeren Schweißnahtbreite im Vergleich zu einer schmalen Schweißnaht, die Zugfestigkeit beider Schweißverbindungen bleibt nahezu gleich.

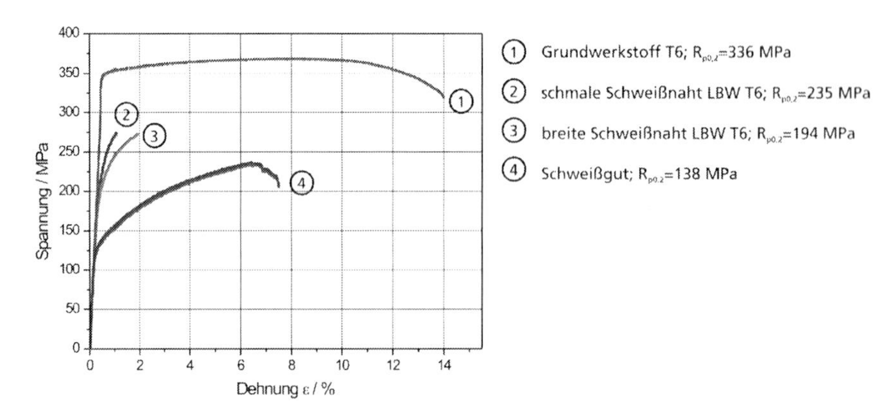

Bild 18 Vergleich Verformungskurven für den Grundwerkstoff und zwei Schweißverbindungen mit unterschiedlich breiten Schweißnähten anhand von Standardzugproben und einer Verformungskurve des Schweißgutes ermittelt an einer Minizugprobe

Wird das Verhältnis aus Schweißverbindung und Grundwerkstoff für die 0,2%-Dehngrenze beziehungsweise die Bruchdehnung gebildet und über das Geometrieverhältnis Schweißgutbreite zur Blechdicke aufgetragen, zeigt sich der Einfluss der Schweißnahtbreite auf die statischen Verbindungseigenschaften deutlicher, Bild 19. Bezogen auf die 0,2%-Dehngrenze steht der Grundwerkstoff im Diagramm für den höchsten Wert, während das Schweißgut den Minimalwert markiert. Somit ist davon auszugehen, dass eine extrem dünne Schweißnaht durchaus die Festigkeit des Grundwerkstoffs erreichen kann, wobei die mögliche Bruchdehnung sehr gering ausfallen würde.

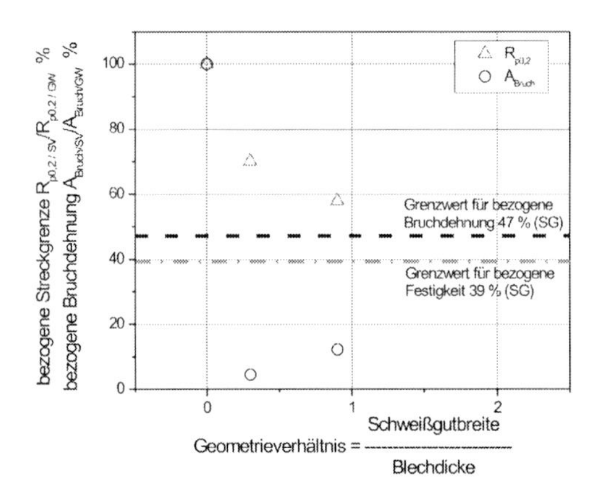

Bild 19 schematischer Zusammenhang zwischen 0,2%-Dehngrenze und Bruchdehnung bei unterschiedlichen Geometrieverhältnissen der Schweißverbindung; Zustand T6 LBW

Beispielhaft wurde versucht, ein Geometrieverhältnis von 2,5 schweißtechnisch abzubilden. Um diese Vorgabe zu erreichen, wäre bei einem 5 mm dicken Blech eine Schweißnahtbreite von 12,5 mm erforderlich. In einem Schweißprozess mit spezieller Scanneroptik zur lateralen Auslenkung des Laserstrahls entlang der Vorschubrichtung wurde versucht, dieses Geometrieverhältnis einzustellen. Der Querschnitt im Bild 20 zeigt, dass eine Schweißnaht mit ca. 8 mm Breite bei ausreichender

Prozesssicherheit erzielt werden konnte. Somit ist ein Geometrieverhältnis von 1,6 als Maximalwert für eine laserstrahlgeschweißte Schweißnaht von Haut-Haut-Verbindungen anzusehen.

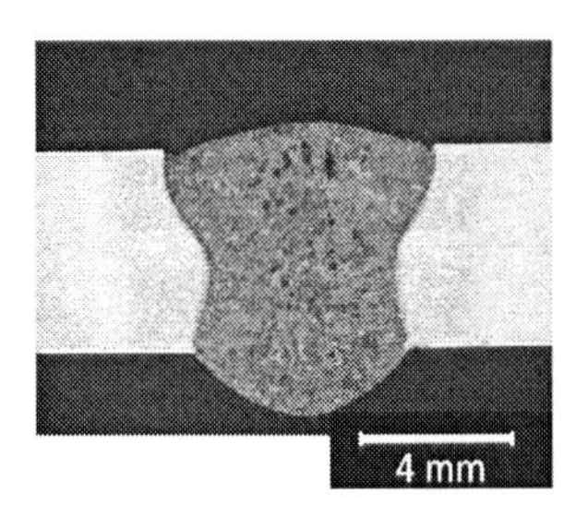

Laser:	Faserlaser YLR 4000
Schutzgas:	Helium
Zusatzwerkstoff:	AlSi12, ∅ 1,0 mm
Brennweite:	f_B= 300 mm
Streckenenergie:	E_S= 2,53 kJ/cm

Bild 20 Querschliff einer Schweißnaht mit extremer Nahtbreite, hergestellt als Stichversuch zur Bestimmung der technischen Grenze für die Erzeugung einer großen Schweißnahtbreite

Das Eigenschaftsprofil der Haut-Haut-Verbindung stellt folglich eine besondere Herausforderung für die Auslegung der Struktur dar. Für die statische Belastung ist eine hohe 0,2%-Dehngrenze erforderlich, die zu einem geringen Festigkeits-Undermatching der Verbindung führt. Infolge der hohen Festigkeit ist mit einer sehr geringen Duktilität der Schweißverbindung zu rechnen. Ein Ansatz zur Verbesserung des statischen Strukturverhaltens der Schweißverbindungen sollte deshalb wie folgt aussehen: Die Belastbarkeit der Schweißverbindung könnte durch eine Vergrößerung des Querschnitts erhöht werden. Damit wäre eine nachträgliche Wärmebehandlung zur Steigerung der Festigkeit nicht mehr unbedingt notwendig. Die Schweißnahtbreite sollte entsprechend den geforderten Auslegungskriterien an die Blechdicke angepasst werden. Müssen hohe statische Belastungen übertragen werden, ist eine sehr schmale Schweißnaht günstig, wenn deren reduzierte Duktilität und Zähigkeit von der Struktur tolerierbar ist. Die Schweißnaht sollte ausreichend breit ausgeführt werden, wenn ein duktiles Versagen der Schweißverbindung gewährleistet werden soll.

Eine nachträgliche Wärmebehandlung mit dem Ziel der Festigkeitssteigerung oder eine Kaltverfestigung der Schweißnaht ist nur dann empfehlenswert, wenn eine geringe plastische Verformbarkeit der Haut-Haut-Verbindung akzeptiert werden kann. Weitere Einflussfaktoren, die bei der Bewertung von Schweißverbindungen zu berücksichtigen sind, ergeben sich wie folgt: Durch die Aneinanderreihung der Schweißnahtbereiche Grundwerkstoff-Wärmeeinflusszone-Schmelzlinie-Schweißgut-Schmelzlinie-Wärmeeinflusszone-Grundwerkstoff entsteht ein Eigenschaftsprofil, das:

- zu einer Dehnungsbehinderung in der Schweißnaht führt
- eine geometrische Abhängigkeit von der Schweißnahtbreite in Bezug auf die Blechdicke aufweist
- durch den Wärmebehandlungszustand der Schweißverbindung und des Grundwerkstoffs stark beeinflusst wird.

Bisher in der Eigenschaftsbewertung unberücksichtigt bleibt die Schmelzlinie. Die Scherproben erlauben eine ähnliche Belastung der Schweißnaht, wie sie üblicherweise in den Seitenpanels des unteren Flugzeugrumpfes auftreten kann. Die Positionierung der Scherebene erfolgt anhand des Querschliffes in der Schmelzlinie. Verwendet wurden Haut-Haut-Verbindungen mit breiter Schweißnaht. Die Bewertung der Scherfestigkeit wird im Vergleich zum Schweißgut und dem Grundwerkstoff vorgenommen. In Bild 21 ist die Scherfestigkeit für alle drei geprüften Bereiche dargestellt.

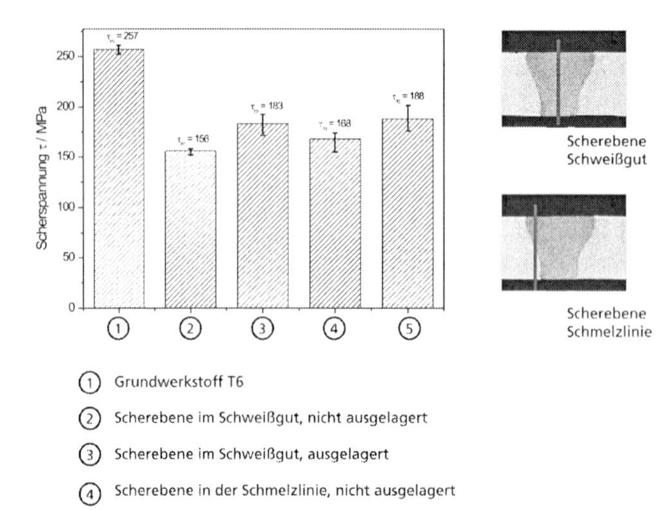

Bild 21 Scherfestigkeit in Abhängigkeit von dem Wärmebehandlungszustand

Aufgrund der niedrigen Mikrohärte entlang der Schmelzlinie ist die geringste Festigkeit aller Schweißnahtbereiche zu erwarten (siehe Bild 14), dennoch liegt die Scherfestigkeit im Mittel leicht oberhalb der des Schweißgutes, Bild 21. Bei Analyse der Bruchflächen findet sich ein Hinweis für Ursache dieses Verhaltens. Aufgrund der kelchförmigen Schweißnaht verläuft die Bruchfläche bei einigen Proben sowohl entlang der Schmelzlinie als auch anteilig im Schweißgut beziehungsweise in der festeren Wärmeeinflusszone, Bild 22, Ansicht 1. Die Scherfestigkeit ist in diesem Fall höher als bei einer Probe, bei der der Bruch vollständig entlang der Schmelzlinie verläuft, Ansicht 3. Anteile des Schweißgutes beziehungsweise die Wärmeeinflusszone führen zur Festigkeitssteigerung der Schmelzlinie, wodurch der mittlere Messwert leicht angehoben wird. Infolge dessen ist auch die Streuung der Messwerte für die nicht ausgelagerten Proben der Schmelzlinie etwas höher als beim Schweißgut.

Startkerb in der Schmelzlinie

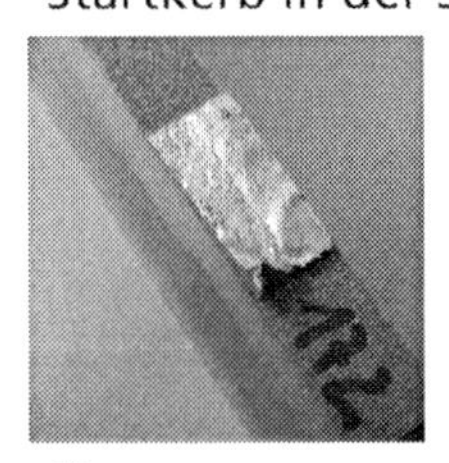

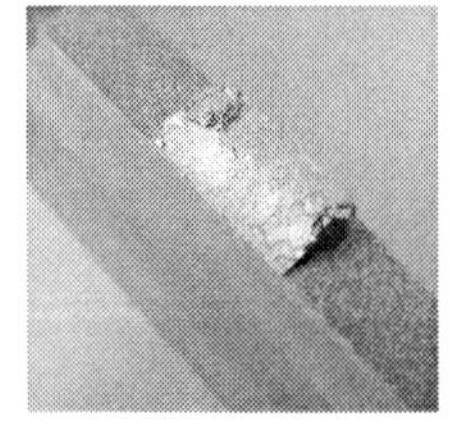

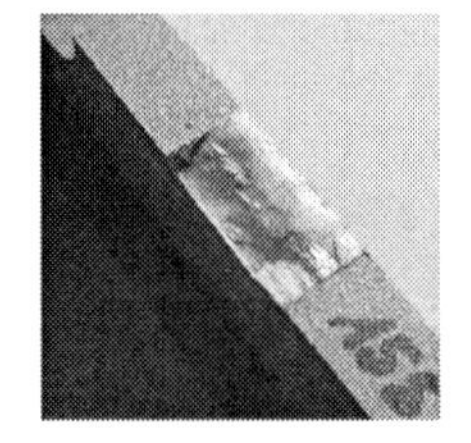

Bild 22 Vergleich einzelner Bruchflächen und der erreichten Festigkeit im Scherversuch in Abhängigkeit vom Ausscheidungszustand

Die Wärmebehandlung der Schweißverbindung bewirkt nicht nur eine Erhöhung der Scherfestigkeit des Schweißgutes sondern auch die der Schmelzlinie. Der Vergleich zwischen zwei Proben, die beide nahezu vollständig entlang der Schmelzlinie gebrochen sind zeigt, dass die nichtausgelagerte Probe,

Bild 22 Ansicht 3, eine deutlich geringere Scherfestigkeit hat als die ausgelagerte Probe, Bild 22 Ansicht 2.

5.4 Schwingfestigkeit der Schweißverbindungen im Vergleich zum Grundwerkstoff

Die Bewertung der Ermüdungsfestigkeit von Haut-Haut-Verbindungen erfolgt an Proben, wie sie in Abschnitt 4.3.2 beschrieben sind. Variiert wurde der Oberflächen- und Kerbzustand der Schweißverbindung. Das Ziel bestand darin, den Einfluss von Kerben auf die Lebensdauer der Schweißnaht zu charakterisieren. Unterschieden wurde in innere und äußere Kerben. Innere Kerben im Schweißgut sind zum Beispiel durch Poren gegeben. Äußere Kerben im Bereich der Schweißverbindung sind durch den Schweißprozess beziehungsweise eine nachfolgende mechanische Bearbeitung vorgegeben. Bestimmt wurde die Kerbempfindlichkeit des Schweißgutes gegenüber der des Grundwerkstoffs. Dazu erforderlich war ein definierter Kerbradius im Schweißgut beziehungsweise im Grundwerkstoff mit Hilfe dessen die Lebensdauer im Vergleich zum ungekerbten Zustand verglichen werden konnte. Folgende Zustände wurden für die Schweißverbindung eingestellt:

- unbearbeitet, wie geschweißt
- Naht durch Walzen kaltverfestigt
- lokale Ultraschallverfestigung der Schweißlinie (UIT-Verfahren „Ultrasonic Impact Treatment)
- Naht blecheben überfräst

Bezogen auf eine Flugzeuglebensdauer von ca. 90000 Flügen [44],[43] wurden für mindestens 10^5 Schwingspiele und für eine Hautspannung von ca. 110 MPa die genannten Zustände bewertet. In Bild 23 ist die Bruchschwingspielzahl der genannten Oberflächen- und Behandlungszustände laserstrahlgeschweißter Haut-Haut-Verbindungen zusammengefasst. Alle Proben wurden im geschweißten Zustand geprüft.

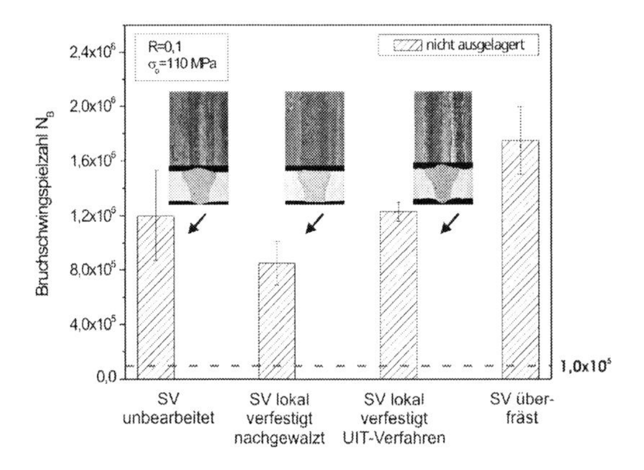

Bild 23 Einfluss unterschiedlicher Behandlungs- und Oberflächenzustände von Haut-Haut-Verbindungen auf die Bruchschwingspielzahl

Beachtlich ist die hohe Lebensdauer aller untersuchten Schweißverbindungen bei der vorgegebenen Belastung. Die gemessenen Unterschiede bei den ertragbaren Zyklen bis zum Bruch sind auf die einzelnen Behandlungszustände zurückzuführen. Die unbearbeitete Schweißverbindung weist eine vergleichsweise große Streuung der Messwerte auf. Diese sind mit vereinzelten Einbrandkerben entlang der Schweißverbindung zu erklären. Einwandfreie Proben können eine sehr hohe Bruchschwingspielzahl erzielen. Die lokal verfestigten Schweißverbindungen weisen die niedrigste

Lebensdauer mit einer mittleren Streuung im Vergleich zu den anderen Varianten auf. Da sich die durchgeführte Kaltverformung ausschließlich auf das Schweißgut bezieht, werden Einbrandkerben nicht eingeformt und können weiterhin Ursache für ein vorzeitiges Versagen darstellen. Werden diese Kerben durch Kaltverformung eingeformt, besteht die Möglichkeit einer leichten Lebensdauererhöhung gegenüber der unbearbeiteten Probe. Die Streuung der Messwerte reduziert sich erheblich. Möglich wird dieser Effekt durch das UIT-Verfahren, bei dem neben der Veränderung der Oberfläche lokal Druckspannungen erzeugt werden [134]. Warum die Wirkung des Verfahrens auf die Lebensdauer nicht deutlicher ausfällt, ist mit der sehr rauen Oberfläche zu erklären, die nach dem mechanischen Verfestigen auf der Probe hinterlassen wird. Da dieses Verfahren hauptsächlich zur Nachbehandlung von konventionell geschweißten Verbindungen im Stahlbau eingesetzt wird, sind die Bearbeitungswerkzeuge zu grob für das weichere Aluminium. An der Oberfläche wird eine neue Kerbstruktur erzeugt. Diese Kerben mindern wahrscheinlich, trotz der eingebrachten Druckspannungen, die Lebensdauer der Verbindung. Eine andere Methode zur Beseitigung der Einbrandkerben ist die flächige Überfräsung der Schweißverbindung. Die Ermüdungsfestigkeit liegt dann deutlich höher als bei den anderen Oberflächenzuständen. Der Gewinn an Lebensdauer liegt bei ca. 45 % gegenüber der unbearbeiteten Probe. Die verhältnismäßig große Streuung lässt jedoch vermuten, dass durch diese mechanische Bearbeitung andere Fehlstellen freigelegt werden. Die Analyse der Bruchflächen bestätigt, dass durch Überfräsung bisher nach außen geschlossene Fehlstellen (zum Beispiel Poren) angeschnitten werden und neue Kerben darstellen. Ist die Überarbeitung der Oberfläche nicht tiefgreifend genug, besteht die Gefahr, dass vorhandene Fehlstellen (zum Beispiel Einbrandkerben) nicht vollständig entfernt werden. Bei kerbfreier Oberfläche konnte eine Schwingspielzahl von 2×10^6 erreicht werden, ohne dass die Probe versagte.

Da eine Nachbehandlung der Oberfläche mit zusätzlichen Kosten beziehungsweise weiteren Arbeitsschritten verknüpft ist, sollte Aufwand und Nutzen abgeschätzt werden. Bereits die Haut-Haut-Verbindung im unbearbeiteten Zustand erreicht die geforderte Lebensdauer, somit ist die Nutzung der vorgestellten Maßnahmen zur Reduzierung der vorhandenen Kerben für jeden Fall separat zu prüfen. Zu vermeiden ist eine lokale Verfestigung des Schweißgutes, bei der Einbrandkerben nicht berücksichtigt beziehungsweise nach der Kaltverfestigung nicht beseitigt werden. Wird die höchste Lebensdauer gefordert, empfiehlt es sich, die Schweißverbindung beidseitig zu überfräsen.

Die bisher untersuchten Oberflächenzustände waren hinsichtlich der vorliegenden Kerbradien sehr unterschiedlich. Eine Bewertung der Kerbwirkung auf die Schweißnaht erfolgte deshalb an Proben mit einer definierten Kerbe im Schweißgut. Dazu wurde eine Bohrung mit einem Radius von 1,5 mm in das Schweißgut eingebracht. Diese erzeugt eine Spannungsüberhöhung am Kerbgrund um den Faktor 2,5. Wird die Schwingfestigkeit bei 10^5 Zyklen und R=0,1 für die gekerbte und die ungekerbte Probe bestimmt, kann daraus die Berechnung der Kerbempfindlichkeit erfolgen. Um möglichst exakt die Ermüdungsfestigkeit für 10^5 Schwingspiele festzulegen, wurden die Versuche auf jeweils zwei Lastniveaus durchgeführt. Gewählt wurden ein hohes und ein niedriges Lastniveau bei dem davon ausgegangen werden konnte, dass bei geringerer Last eine höhere Lebensdauer als 10^5 Zyklen und bei hoher Last eine Lebensdauer niedriger als 10^5 Zyklen zu erwarten ist. Je Lastniveau wurden mindestens 6 Proben geprüft. Anhand dieser Messwerte konnte die Versagenswahrscheinlichkeit für 10 %, 50 % und 90 % berechnet werden und in das Spannungs-Bruchzyklen-Diagramm eingetragen werden, Bild 24. Aus der Wöhlerlinie für eine Versagenswahrscheinlichkeit von 50 % konnte für eine Lebensdauer von 10^5 Zyklen die ertragbare Spannungsamplitude für die verschiedenen gekerbten und ungekerbten Zustände bestimmt werden.

Zunächst ist festzustellen, dass unabhängig vom Kerbzustand der Proben Bruchlasten von deutlich mehr als 110 MPa erreicht werden. Das heißt, für die Haut-Haut-Verbindung sollte auch bei Vorliegen einer Fehlstelle, die eine Kerbformzahl von ca. 2,5 hervorruft, eine ausreichende Ermüdungsfestigkeit gegeben sein, Bild 24.

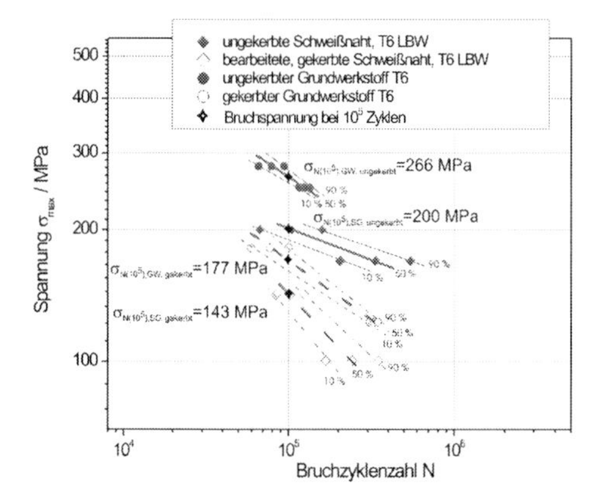

Bild 24 Ermittlung der Kerbempfindlichkeit von Grundwerkstoff (6013) und Schweißgut (geschweißt mit AlSi12 Zusatzwerkstoff, 2 x DC035 – Schweißverfahren)

In Tabelle 20 sind die Daten aus dem Wöhlerversuch und die Werte zur Bestimmung der Kerbempfindlichkeit zusammengefasst. Aus der Kerbwirkungszahl β_k und der Kerbformzahl α_k wurde bei einer Bruchschwingspielzahl von 10^5 Zyklen die Kerbempfindlichkeit η_k berechnet. Diese ist für das Schweißgut mit 0,26 geringer als für den Grundwerkstoff. Somit kann geschlussfolgert werden, dass die Haut-Haut-Verbindung im geschweißten, nicht ausgelagerten Zustand tendenziell unempfindlicher auf die Wirkung einer Kerbe (α_k =2,5) reagiert als der Grundwerkstoff im Zustand T6.

Tabelle 20 Zusammenfassung der Daten zur Bestimmung der Kerbempfindlichkeit von Schweißverbindungen im Vergleich zum Grundwerkstoff

Eigenschaft	Grundwerkstoff, ungekerbt	Grundwerkstoff, gekerbt	Schweiß-verbindung, ungekerbt	Schweiß-verbindung, gekerbt
Kerbformzahl α_k	1	2,5	1	2,5
Schwingfestigkeit ungekerbt, σ_N 10^5	266	/	200	/
Schwingfestigkeit gekerbt, σ_N 10^5	/	177	/	143
Kerbwirkungszahl β_k ($\sigma_{N,\ ungekerbt}$ / $\sigma_{N,\ gekerbt}$)	/	1,5	/	1,4
Kerbempfindlichkeit η_k ((β_K-1)/ (α_K-1))	/	0,33	/	0,26

5.5 Schadenstoleranz von Schweißverbindungen

5.5.1 Ermüdungsrissausbreitung in der Schweißnaht

5.5.1.1 Schweißverbindung im ebenen Hautblech

Mit den folgenden Versuchen wird eine Einordnung der Rissfortschrittsgeschwindigkeit von Schweißverbindung im Vergleich zum Grundwerkstoff vorgenommen. Verwendung fanden 5 mm dicke Bleche, die im Stumpfstoß miteinander verschweißt und dessen Schweißnaht anschließend blecheben abgearbeitet wurde. Für den Grundwerkstoff wurde die Prüfung der Rissfortschrittsrate senkrecht zur Walzrichtung, das heißt in LT-Lage, durchgeführt. Für die Schweißverbindung ist die Orientierung des Ausgangsgefüges hingegen weitgehend sekundär, da durch die Wechselwirkung mit dem Laserstrahl das Grundgefüge vollständig aufgehoben wird.

Unter zyklischer Belastung breitet sich ein Riss in einer Schweißnaht mit Undermatching deutlich schneller aus als im Grundwerkstoff, Bild 25. Verantwortlich dafür sind im Wesentlichen die abgeminderten mechanischen Eigenschaften. Diese Charakteristik verstärkt sich, wenn die Schweißnaht nachträglich ausgelagert wird, der zyklische Ermüdungsrissfortschritt steigt weiter an. Damit bestätigt sich die Notwendigkeit, die Schweißnaht mit einem optimalen Eigenschaftsprofil auszustatten.

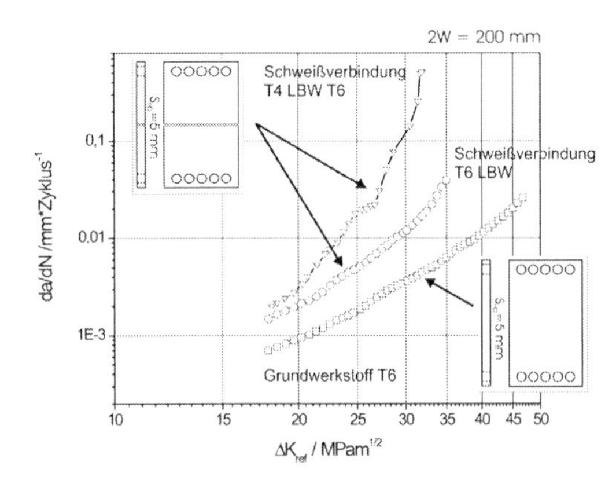

Bild 25 Vergleich Rissfortschrittsrate für Schweißverbindungen im Zustand T6 LBW, T4 LBW T6

Da das Undermatching der Schweißverbindung derzeit nicht aufgehoben werden kann, erscheint das geringe Festigkeitsniveau der Schweißnaht im Zustand T6 LBW mit hinreichend hoher Dehnung des Schweißgutes am besten für eine moderate Rissfortschrittsrate geeignet zu sein. Im Sinne eines möglichen Einsatzes von hoch belasteten Haut-Haut-Verbindungen im Flugzeugrumpf sollte deshalb von einer nachträglichen Wärmebehandlung generell abgesehen werden. Die dann noch bestehende Differenz in der Rissfortschrittsrate zwischen Grundwerkstoff und Schweißverbindung muss soweit abgesenkt werden, dass schließlich ein vertretbares Niveau erreicht wird, bei dem eine ausreichende Sicherheit der Struktur gegen Rissausbreitung gewährleistet ist. Zu bewerten sind deshalb die Konzepte 1 und 2, wie sie im Abschnitt 3 vorgeschlagen wurden.

Als Vorversuch zur generellen Klärung des zyklischen Ermüdungsrissfortschritts von Haut-Haut-Verbindungen soll geprüft werden, ob der Übergang eines Risses aus dem Schweißgut in den benachbarten Grundwerkstoff praktisch überhaupt möglich ist. Dazu wurde eine Probe, bei der die Schweißnaht unter einem Winkel α von 10° aus der Senkrechten zur Belastungsrichtung gedreht war, geprüft. Der Startkerb mit einer Länge von $2a_{Start}$ = 3 mm wurde in der Schweißnahtmitte und im selben Winkel zur Belastungsrichtung eingebracht wie die Schweißnaht orientiert ist. Für den Versuch ergeben sich nun zwei Möglichkeiten des Rissverlaufs: Entweder läuft Riss senkrecht zur Belastungsrichtung aus der Schweißnaht heraus oder das Schweißgut gibt weiterhin den Risspfad vor. In Bild 26 ist für diesen Versuch die Rissfortschrittskurve dargestellt, sie liegt nahezu vollständig auf dem Niveau des Grundwerkstoffs. Der Riss verlässt nach geringer Zyklenzahl die Schweißnaht und tritt zunächst in die Wärmeeinflusszone ein. Anschließend erfolgt der Rissfortschritt im Grundwerkstoff.

Dieser Versuch zeigt, dass trotz Undermatching bereits eine Drehung der Schweißnaht um einen Winkel von 10° bezogen auf die ursprüngliche Lage senkrecht zur Belastungsrichtung ausreicht, um einen Riss aus dem Schweißgut herauszuführen. Gesteuert wird dieses Verhalten durch die Lage der äußeren Belastungsrichtung zur Schweißnaht. Da im durchgeführten Versuch der Rissmode I an der Rissspitze wirkt, verläuft der Riss 90° zur Belastungsrichtung. Der Grenzfall für dieses Verhalten wird erreicht, wenn eine angerissene Schweißnaht und die Belastungsrichtung parallel verlaufen. Die Rissspitze erfährt unter diesen Bedingungen keine Belastung, die zu einer Rissöffnung in Schweißnahtrichtung führt. Ein Riss im Schweißgut würde sich aus der Schweißnaht heraus, senkrecht zur Belastungsrichtung, in den Grundwerkstoff ausbreiten. Damit besteht die Möglichkeit, den Schweißnahtverlauf so zur Belastungsrichtung auszurichten, dass ein Rissverlauf in der Schweißnaht vermieden werden kann.

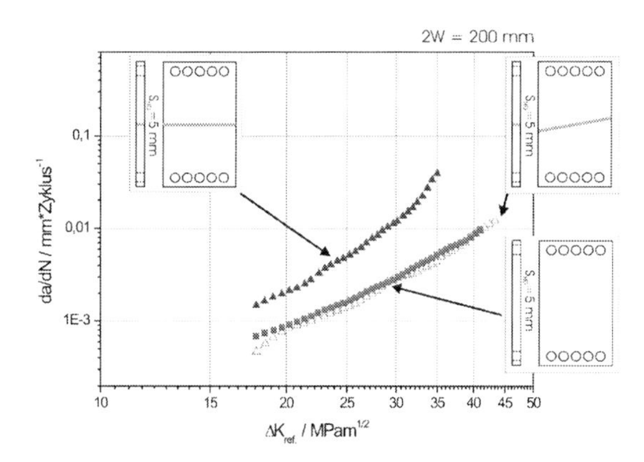

Bild 26 Rissfortschrittsdiagramm für unterschiedliche Schweißnahtlage (Variante 1: senkrecht zur BLR, Variante 2: α=10° abweichend von der senkrechten Lage zur BLR) im Vergleich zum Grundwerkstoff

Da der Flugzeugrumpf eine multiaxial belastete Struktur ist, muss sichergestellt werden, dass unabhängig von der Lage der Schweißnaht entweder ein Auswandern des Risses in den Grundwerkstoff erfolgt oder die Rissfortschrittsgeschwindigkeit soweit reduziert wird, dass die Bedingungen der Schadenstoleranz nach dem Handbuch Struktur Berechnung (HSB) erfüllt sind. Eine Drehung der Schweißnaht um 10° würde allerdings in der Realstruktur eine Überschneidung von Haut-Haut- mit der Stringer-Haut-Verbindung zur Folge haben.

Bisher nicht berücksichtigt wurde der Einfluss der Schweißnahtgeometrie auf die zyklische Rissausbreitung. Dass es eine Abhängigkeit der mechanischen Eigenschaften von dem Aspektverhältnis einer Schweißverbindung gibt, wurde im Abschnitt 5.3 für die statische Belastbarkeit nachgewiesen. Die Verbindungseigenschaften werden durch eine schmale Schweißnaht tendenziell in Richtung einer hohen 0,2%-Dehngrenze verschoben, während breite Schweißnähte eine größere Bruchdehnung aufweisen. Es ist daher anzunehmen, dass eine schmale Naht von dem umliegenden Gefüge stärker gestützt wird. Gleichzeitig führt die Verformungslokalisierung zu einem mehrachsigen

Spannungszustand in der Schweißnaht. Dessen Wirkung auf die zyklische Rissausbreitung wurde an einer breiten Schweißnaht mit einem geringen Aspektverhältnis und einer schlanken Schweißnaht mit einem großen Aspektverhältnis untersucht.

In Bild 27 sind für beide Varianten die da/dN über ΔK-Kurven dargestellt. Darin ist unabhängig vom geprüften Aspektverhältnis der Schweißnaht kein Unterschied in der Geschwindigkeit mit der sich der Riss in der Schweißnaht ausbreitet festzustellen. Die Kurven liegen praktisch übereinander. Da die Rissfortschrittskurven anhand von Messwerten erzeugt wurden, ist der Einfluss der Blechdicke nicht mit berücksichtigt. Eine Erklärung für dieses Verhalten könnte die Größe der plastischen Zone für verschiedene Schweißnahtbreiten sein. Zunächst ist, wie in Abschnitt 5.3 ausgeführt, davon auszugehen, dass die lokalen mechanischen Eigenschaften beider Schweißnähte vergleichbar sind. Durch das wesentlich breitere Schweißgut sollte sich die plastische Zone vor der Rissspitze ungestörter und größer ausbilden können als bei der Schweißnaht mit hohem Aspektverhältnis. Weiterhin ist zu erwarten, dass sich die Verformungslokalisierung in der breiten Schweißnaht reduziert. Dass diese Geometrieeigenschaft bei der zyklischen Rissausbreitung offensichtlich nicht zur Wirkung kommt, könnte an der Größe der plastischen Zone liegen. Diese ist in Bild 28 über der Risslänge für eine Hautspannung von 90 MPa aufgetragen. Darin ist auch die Breite der Schweißnaht als begrenzender Faktor für die ungestörte Ausbildung der plastischen Zone an der Rissspitze verzeichnet. Bezogen auf die schmale Schweißnaht entspricht die Risslänge, bei der die plastische Zone in ihrer räumlichen Ausbildung eingeschränkt wird, einem ΔK von ca. 13 $MPam^{1/2}$ und für die breite Naht ca. 20 $MPam^{1/2}$. Folglich ist spätestens ab einem ΔK von ca. 20 $MPam^{1/2}$ kein geometrischer Unterschied beider Varianten für die Rissspitze spürbar und es ist davon auszugehen, dass beide Proben das gleiche zyklische Rissausbreitungsverhalten aufweisen.

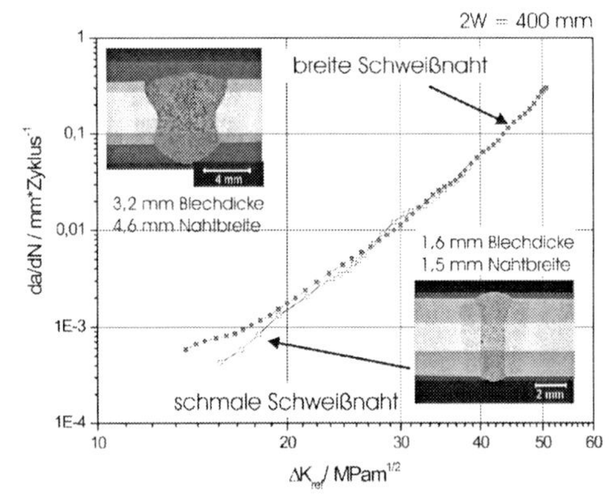

Bild 27 Einfluss der Schweißnahtbreite auf die Rissfortschrittsgeschwindigkeit in Schweißverbindungen

Als Entscheidungskriterium für die Wahl der Schweißnahtbreite sollten die unter statischer Belastung optimalen Bedingungen und die fertigungstechnische Umsetzbarkeit in der Struktur im Vordergrund stehen. Extrem breite Schweißnähte sind wegen der reduzierten Schweißgeschwindigkeit und der größeren Wärmeeinbringung in das Bauteil nicht zu bevorzugen. Extrem schmale Schweißnähte erfordern dagegen eine sehr exakte Schweißkopfnachführung, um eine qualitätsgerechte Stumpfstoßausführung zu garantieren. Optimal ist demnach eine mittlere Schweißnahtbreite, zum Beispiel 1,5 bis 2,0 mm bei einer Blechdicke von 5 mm.

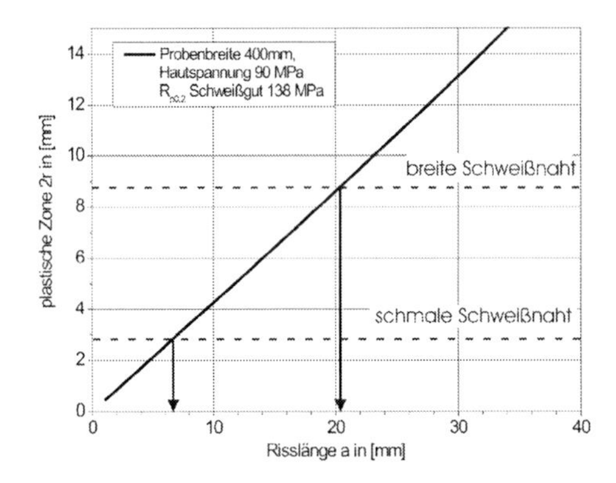

Bild 28 Freie Ausbildung der plastischen Zone bis zum Erreichen des Schweißnahtrandes in Abhängigkeit von der Risslänge

5.5.1.2 Schweißverbindung im Hautblechsockel

Die Notwendigkeit der Spannungsreduzierung im Bereich der Schweißnaht ergibt sich, weil es nicht gelingt, die mechanischen Eigenschaften des Schweißgutes werkstofftechnisch auf das Niveau des Grundwerkstoffs anzuheben. Deshalb soll durch eine Querschnittsvergrößerung im Bereich der Schweißverbindung die Spannung reduziert und so die Belastbarkeit der Schweißnaht gegenüber dem Grundwerkstoff verbessert werden. Zu beachten ist bei einer solchen Maßnahme die lokale Gewichtserhöhung, so dass ein Kompromiss zwischen Nutzen des Sockels und zusätzlichem Gewicht gefunden werden muss. Deshalb wurde zunächst für verschiedene beidseitige Sockel die Spannungsverteilung an einem Viertel des Sockels rechnerisch ermittelt, Bild 29.

Vorrangiges Ziel dabei war es, eine gleichmäßige Spannungsverteilung im Sockel zu gewährleisten. Ausgehend von einem 5 mm dicken Blech und einer Hautdicke von 2 mm ergibt sich ein Sockelverhältnis von 2,5. Folglich liegt bei 90 MPa Hautspannung eine Sockelspannung von 36 MPa vor. Damit ist davon auszugehen, dass die um 42 % geringere 0,2%-Dehngrenze im Zustand T6 LBW der Schweißverbindung im Vergleich zum Grundwerkstoff kompensiert ist.

Der Spannungsgradient über den Sockelquerschnitt kann durch Nutzung der Finiten Element Methode bestimmt werden. Schmale beidseitige Sockel führen zu einer Spannungsdifferenz zwischen Oberfläche und Sockelmitte, die mit steigender Sockelbreite schrittweise abgebaut wird, bis eine weitgehend homogene Spannungsverteilung im Sockel vorliegt. Jede weitere Verbreiterung des Sockels führt nur noch zu einer Gewichtszunahme und sollte vermieden werden. Als Kompromiss für die folgenden Versuche wird deshalb eine Sockelbreite $2S_{HB}$ von 15 mm festgelegt.

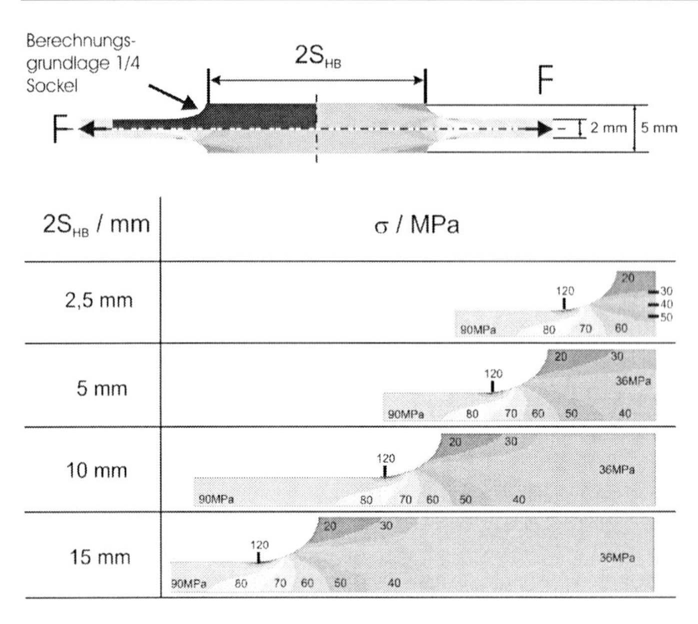

Bild 29 FE-Rechnung zur Spannungsverteilung für unterschiedliche Sockelbreite, Berechnungsgrundlage ist eine symmetrische Probe, um Biegeanteile zu vermeiden; Hautspannung beträgt 90 MPa

Die beidseitige Ausführung des Sockels bietet den Vorteil, eine Biegung der Probe zu vermeiden, wodurch Spannungsunterschiede zwischen beiden Sockelseiten unterdrückt werden. Damit kann für den beidseitigen Sockel der Einfluss auf die Rissfortschrittsgeschwindigkeit ermittelt werden, Bild 30.

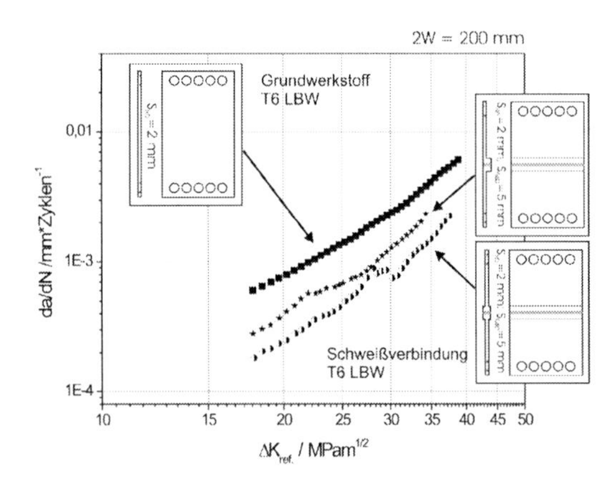

Bild 30 Einfluss einer beidseitigen und einseitigen Sockelgeometrie auf die Rissfortschrittsgeschwindigkeit in Haut-Haut-Verbindungen

Unabhängig von der Sockelausbildung zeigt sich ein deutlich reduzierter Rissfortschritt in der Schweißverbindung. Die größere Rissfortschrittsgeschwindigkeit in der Probe mit einseitigem Sockel zeigt, dass diese Sockelgeometrie bei gleichem Sockelverhältnis eine geringere Wirksamkeit aufweist. Ursache dafür ist eine heterogene Spannungsverteilung im Sockel bedingt durch die Biegung der

Probe. Auf der glatten Seite der Probe wirkt die Hautspannung, die sich über die Sockeldicke schrittweise reduziert und auf der Sockelseite am geringsten ist. Dies bestätigt die Berechnung der Spannung aus den Messungen der Dehnung mittels Dehnmessstreifen (DMS), die jeweils auf dem Sockel beziehungsweise der gegenüberliegenden Seite erfolgte. Im diskutierten Fall bildet sich auf der glatten Probenseite eine hohe Zugspannung aus, die nahezu das Niveau der Hautspannung aufweist. Auf der Sockelseite entsteht eine Druckspannungen. Im Vergleich dazu ist die Spannung für die Probe mit symmetrischem Probenquerschnitt zwischen Vorder- und Rückseite gleich groß. Für eine mögliche Anwendung im Flugzeugrumpf ist eine einseitige ausgeführte Sockelgeometrie gegenüber der beidseitigen aus aerodynamischen Gründen zu bevorzugen. Die Sockelseite müsste in Richtung der Rumpfinnenseite ausgerichtet sein. Um die Auswirkungen der geometrischen Veränderung zu bewerten, wurden beide Sockelgeometrien miteinander verglichen.

Für den Flugzeugrumpf sind Sockelverhältnisse von ca. 2,5 geometrisch nur mit sehr dicken Ausgangsblechdicken zu erreichen. Bei einer Hautblechdicke von 2 mm müsste das Ausgangsblech 5 mm dick sein. Um zu prüfen, ob geringere Sockelverhältnisse zu einer effektiven Reduzierung der Rissfortschrittsgeschwindigkeit führen, wurden 400 mm breite Proben im Experiment untersucht. Die Sockelverhältnisse erstrecken sich von 1,5 bis 2,5. Die Sockelbreite wurde zunächst auf 15 mm festgelegt. Da alle Versuche ohne Beulstütze durchgeführt wurden und dünne Bleche Verwendung fanden, kann ein nicht linearer Kurvenverlauf der Rissfortschrittskurven auftreten. Die Beulung während des Versuchs wurde mittels beidseitig auf die Probe geklebter DMS überwacht. Die Orientierung der DMS senkrecht zur Belastungsrichtung ermöglicht es, für jede Probe den Beginn der Beulung festzustellen. Für die Proben mit einem Sockelverhältnis kleiner 2 findet keine Reduzierung der Rissfortschrittsgeschwindigkeit in der Schweißverbindung unter die des Grundwerkstoffs statt, Bild 31. Ein Sockelverhältnis von 2 bewirkt bis zu einem $\Delta K_{ref.}$ von ca. 60 MPa $m^{1/2}$ eine geringere Rissfortschrittsrate in der Schweißverbindung als im Grundwerkstoff. Ab einer Spannungsintensität von 60 MPa $m^{1/2}$ steigt die Geschwindigkeit des Rissfortschritts der Schweißverbindung über die des Grundwerkstoffs. Ursache dafür ist die ab ca. 50 MPa $m^{1/2}$ zunehmende Beulung der Probe. Ein Sockelverhältnis von 2,5 ist ausreichend, um trotz Beulung eine Rissfortschrittsrate deutlich kleiner als die im Grundwerkstoff zu erreichen.

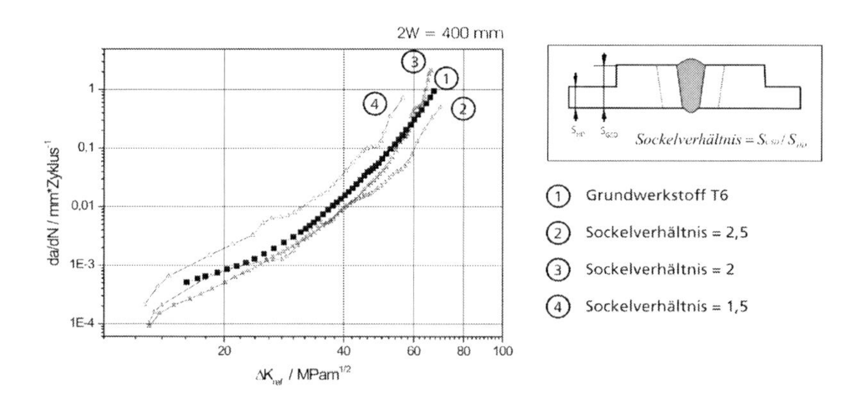

Bild 31 Rissfortschrittsdiagramm an 400 mm breiten Proben mit unterschiedlichen Sockelverhältnissen (Versuche ohne Beulstütze)

Die teilweise unstetig verlaufenden Messwertkurven für die Schweißverbindungen sind durch den heterogenen Risspfad zu erklären, der sowohl zwischen den Schmelzlinien wandert als auch durch Neigungsänderung der Rissebene zur Belastungsrichtung hervorgerufen wird. Weiterhin wird das Ausmaß der Beulung durch die unterschiedliche Steifigkeit der Proben bestimmt. Insbesondere ein Schweißnahtsockel erhöht die Steifigkeit der Proben. Durch den asymmetrischen Sockel wird auch eine Biegung der Probe hervorgerufen, die während des Versuches nicht unterdrückt wurde. Da alle Versuche unter gleichen Bedingungen durchgeführt wurden, besitzen die Aussagen vergleichenden Charakter. Im Ergebnis bleibt festzuhalten, dass durch Nutzung eines geeigneten Sockels ein wesentlicher Beitrag zur Reduzierung des zyklischen Rissfortschritts zu erwarten ist.

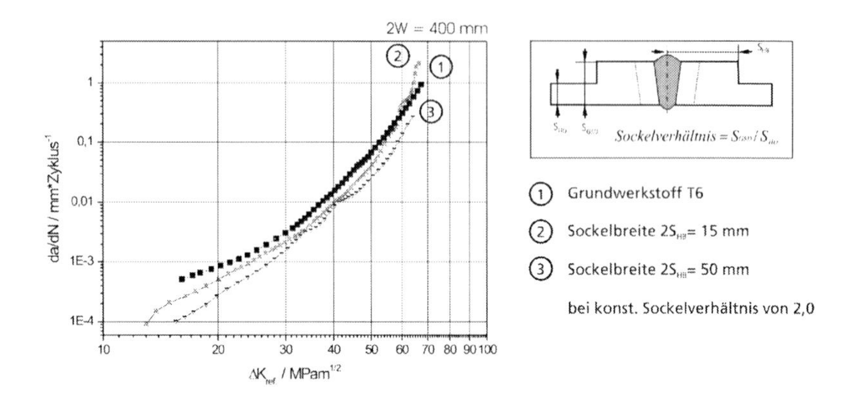

Bild 32 Einfluss der Sockelbreite auf die zyklische Rissfortschrittsrate bei gleichem Sockelverhältnis

Für eine symmetrische Sockelgeometrie wurde bereits die Notwendigkeit einer ausreichend breiten Sockelstruktur diskutiert, um eine möglichst optimale Ausnutzung des Sockelquerschnitts zu gewährleisten. Für den einseitigen Sockel ist eine homogene Spannungsverteilung schwieriger zu optimieren, da der Spannungsunterschied zwischen glatter Seite und Sockelseite groß ist. Um zu prüfen, ob eine Verbreiterung des Sockels Wirkung auf die Rissfortschrittsrate hat, wurden Schweißverbindungen mit 15 mm beziehungsweise mit 50 mm breitem Sockel verglichen, Bild 32.

Durch die Verbreiterung des Sockels besteht die Möglichkeit, die Rissfortschrittsgeschwindigkeit tendenziell leicht abzusenken und den Kurvenverlauf über den gesamten Prüfbereich unter dem des Grundwerkstoffs anzuordnen. Der breitere Sockel bewirkt für das Sockelverhältnis von 2, dass auch oberhalb von $\Delta K_{ref.}$ 60 MPa $m^{1/2}$ die Rissfortschrittsrate der Schweißverbindung unter die des Grundwerkstoffs abgesenkt wird. Dieses Verhalten wird durch die zusätzliche Versteifung der Probe über den breiteren Sockel hervorgerufen, wodurch Beuleffekte reduziert werden. Weiterhin ist im Sockelquerschnitt eine homogener verteilte Spannung zu erwarten. Mit dieser Bauweise ist jedoch ein etwas höheres Gewicht im Sockelbereich verbunden.

Als Richtlinie für die Sockelgestaltung können deshalb entsprechend dem experimentellen Ergebnis die geometrischen Randbedingungen in zwei Formeln gefasst werden. Unter Berücksichtigung der Wärmeeinflusszone, der Schweißnahtbreite, der Hautblechdicke und der Eigenschaften des untersuchten Werkstoffs kann für die Praxis ein günstiges Sockelmaß wie folgt abgeschätzt werden, Bild 33.

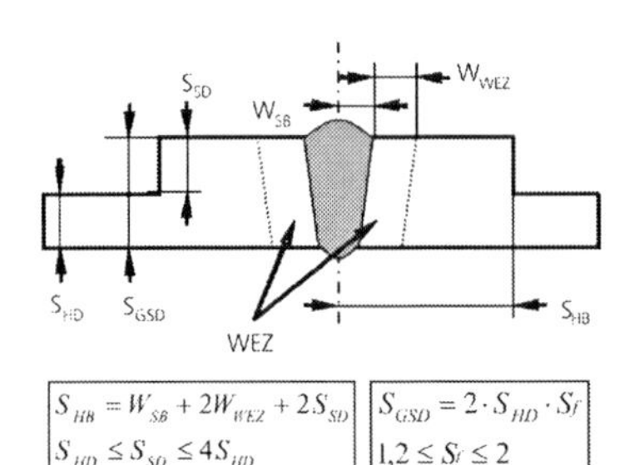

S_{HB} = halbe Sockelbreite
S_{SD} = Sockeldicke
W_{SB} = halbe Schweißgutbreite
W_{WEZ} = WEZ Breite
S_{HD} = Hautdicke
S_{GSD} = Gesamtsockeldicke
S_f = Sicherheitsfaktor

Bild 33 Experimentell ermittelte Schätzformel für die Gestaltung des Schweißnahtsockels zur Reduzierung des zyklischen Rissfortschritts der Schweißverbindung auf das Niveau des Grundwerkstoffs der Legierung 6013

Der in den Formeln angegebene Faktor 2 (vor der Breite der Wärmeeinflusszone W_{WEZ}, der Sockeldicke und der Hautdicke) ist gewählt worden, um sicherzustellen, dass am Sockelrand Grundwerkstoff vorliegt. Ohne diesen Faktor besteht die Gefahr, dass der Sockel zu schmal beziehungsweise zu niedrig ausgebildet ist und damit nicht die gewünschte Wirkung auf den Rissfortschritt erzeugt. Unter Verwendung dieser Maßgaben ist zu erwarten, dass die zyklische Rissfortschrittsrate der Schweißverbindung für die Legierung 6013 auf das Niveau des Grundwerkstoffs abgesenkt beziehungsweise in Abhängigkeit vom geometrischen Sicherheitsfaktor darüber hinaus verbessert werden kann. Die Höhe des Undermatching ist in dieser Berechnung nur für den Werkstoff 6013 erfasst. Die Gleichung gilt deshalb nur für die untersuchte Legierung im verwendeten Zustand T6 und der Haut-Haut-Verbindung, die nicht ausgelagert ist.

5.5.1.3 Risslenkung aus der Schweißnaht

Der im Konzept 1 vorgeschlagene Schweißnahtsockel wurde auch hinsichtlich der Möglichkeit einer Änderung der Rissausbreitungsrichtung (Risslenkung) untersucht. Bisher wurde keine Rissauslenkung aus der Linearschweißnaht beobachtet, die senkrecht zur Belastungsrichtung geprüft wurde. Auch durch die Variation der Sockelhöhe, und -breite lässt sich kein Spannungszustand erzeugen, der eine Rissauslenkung aus der Undermatching-Schweißnaht erzwingt. Der Riss in der Schweißnaht hat einen geringeren Risswiderstand zu überwinden, als er für das Auswandern aus der Schweißnaht notwendig wäre. Damit sind auch die Grenzen des Sockelkonzepts für Undermatching-Schweißverbindungen beschrieben.

Eine praktische Frage ist, unter welchen Randbedingungen ein Riss aus einer Linearschweißnaht herausgelenkt werden kann und welchen Einfluss das Undermatching dabei ausübt?

Um den Einfluss des Undermatching auf die Rissfortschrittsgeschwindigkeit zu bestimmen, werden unterschiedliche Festigkeitszustände in der Schweißnaht beziehungsweise im Grundwerkstoff eingestellt. Dies kann auf experimentellem Weg oder mittels der Simulation mit Finiten-Elementen erfolgen [126]. Die bisherigen Untersuchungen zeigen, dass zum Beispiel durch Wärmebehandlung der geschweißten Verbindung eine Festigkeitssteigerung möglich ist. Dieser Effekt trägt dazu bei, den Festigkeitsunterschied zwischen Grundwerkstoff und Schweißgut zu verringern, Tabelle 19. Eine andere Möglichkeit, das Undermatching zu reduzieren oder zu beseitigen, ist die metallurgische Einflussnahme auf das Schweißgut. Wie im Stand der Technik beschrieben, sind die zu lösenden Herausforderung bei dieser Methode enorm. Deshalb soll in dieser Arbeit ein anderer Weg beschritten werden, die Wirkung des Undermatching zu beeinflussen. Anstatt die Festigkeit des Schweißgutes oder des Grundwerkstoffs zu ändern, wird versucht das Undermatching durch Kombination unterschiedlicher Gefügebereiche zu variieren. Ermöglicht wird das durch unterschiedliche Anteile Schweißgut (SGA) am Prüfquerschnitt.

Es wurden drei Zustände definiert:

- Grundwerkstoffprobe mit Sockel (trotz gleichem Werkstoff verhält sich das höher beanspruchte Hautblech wie ein Werkstoff mit geringerer Festigkeit) – ähnlich Overmatching (1)
- Grundwerkstoffprobe ohne Sockel – gleicher „Festigkeitszustand" über den gesamten Querschnitt (2)
- Undermatching
    - Sockelproben mit unterschiedlichem Anteil Schweißgut am Prüfquerschnitt (3, 4),
    - Sockelprobe mit Haut-Haut-Verbindung (5) (100 % Schweißnaht)

Alle dargestellten Proben wurden unter Nutzung einer Beulstütze geprüft. Um trotz Beulstütze den möglicherweise auftretenden Effekt der Probenbiegung für alle Proben gleich zu gestalten, wurde das Sockelverhältnis für alle Proben gleich eingestellt. In Tabelle 21 sind die Geometrieverhältnisse der Proben mit einseitigem Sockel entsprechend der Definition aus Bild 33 beschrieben, die Sockelspannung betrug 35 MPa. Für die Proben mit Sockel wurde der Schweißgutanteil (SGA) im Prüfquerschnitt auf 16 % und 30 % eingestellt, Tabelle 21. Dazu wurden unterschiedlich tiefe Einschweißungen in den Sockel erzeugt.

Tabelle 21 Einfluss des Anteils Schweißgut an der Gesamtdicke im Sockelbereich auf das zyklische Rissverhalten

Proben-bezeichnung	Sockel-geometrie (s. Bild 33) [mm]	berech. $\Delta\sigma$ zw. Haut und Sockel [MPa]	Anteil Schweißgut am Sockel [%]	ΔK_{ref} bei Verlassen des Risses aus d. Sockel (linke Seite) MPa $m^{1/2}$	ΔK_{ref} bei Verlassen des Risses aus d. Sockel (rechte Seite) MPa $m^{1/2}$
(1) Grundwerk-stoff T6 mit Sockel	S_{HB} = 7,5 H_D = 1,6 S_{GSD} = 2,6 S_{HB} = 15	+35	0	1. Probe = 49 2. Probe = 48	1. Probe = 57 2. Probe = 57
(2) Grundwerk-stoff T6 ohne Sockel	H_D = 2,6	0	0	ohne / gerader Rissverlauf	ohne / gerader Rissverlauf
(3) Einschwei-ßung T4LBWT6, Var. B	S_{HB} = 7,5 H_D = 3,0 S_{GSD} = 4,9 S_{HB} = 15	+35	16	1. Probe = 44 2. Probe = 43	1. Probe = 58 2. Probe = 44
(4) Einschwei-ßung T4LBWT6, Var. A	S_{HB} = 7,5 H_D = 1,6 S_{GSD} = 2,6 S_{HB} = 15	+35	30	Rissverlauf vollständig im Schweißgut	Rissverlauf vollständig im Schweißgut
(5) I-Naht T4LBWT6	S_{HB} = 7,5 H_D = 1,6 S_{GSD} = 2,6 S_{HB} = 15	+35	100	Rissverlauf vollständig im Schweißgut	Rissverlauf vollständig im Schweißgut

Die Rissverläufe der einzelnen Zustände sind in Bild 34 dargestellt. An der Grundwerkstoffprobe mit Sockel (1) wurde untersucht, ob generell eine Rissauslenkung ohne den Einfluss der Schweißnaht möglich ist. Der praktische Versuch zeigt, dass der Mittenriss im Grundwerkstoff aus dem Sockel heraus in den dünneren Querschnitt des Hautblechs übertritt. Bei dem Versuch mit Grundwerkstoff ohne Sockel (2) verläuft der Riss nahezu vollständig unter 90° zur Belastungsrichtung. Eine Rissdrehung ist nicht zu erwarten, da der Spannungszustand an der Rissspitze weder durch geometrische Faktoren beeinflusst wird noch ein Gefügezustand vorliegt, der eine Rissdrehung bewirkt.

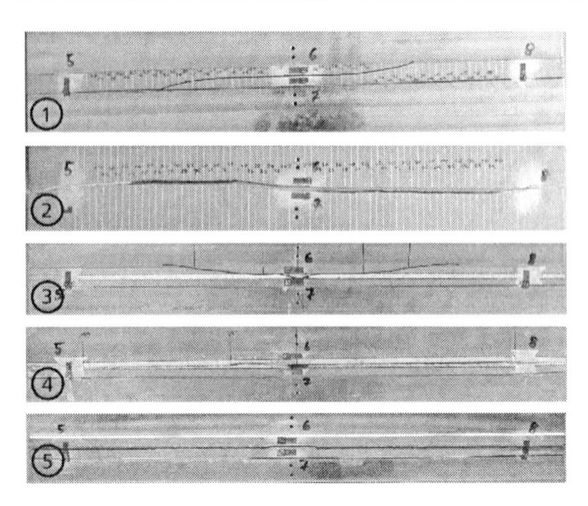

Bild 34 Rissverlauf für die Zustände:
1) Grundwerkstoff mit Sockel (ähnlich Overmatching), Riss läuft aus dem Sockel heraus;
2) Grundwerkstoffprobe ohne Sockel, Riss läuft senkrecht zur Belastungsrichtung;
3) Undermatching, Schweißgutanteil am Prüfquerschnitt 16 %, Riss läuft aus der Schweißnaht heraus;
4) Undermatching, Schweißgutanteil am Prüfquerschnitt 30 %, Riss verläuft vollständig der Schweißnaht;
5) Undermatching, Schweißgutanteil am Prüfquerschnitt 100 %, Riss verläuft vollständig in der Schweißnaht

Eine Rissdrehung bei Proben mit partiell in den Prüfquerschnitt eingeschweißter Naht könnte aufgrund des Sockels dann stattfinden, wenn die Gefügeanteile Schweißgut und Grundwerkstoff gleich groß sind. Voraussetzung dafür ist, dass das Rissfortschrittsverhalten aufgrund der besseren mechanischen Eigenschaften vom Grundwerkstoff dominiert wird. Insbesondere die höhere Festigkeit des Grundwerkstoffs im Vergleich zum Schweißgut (Variante T6 LBW T6) sollte sich hier auswirken.

Im Experiment kann ein Auslenken des Risses aus der Schweißnaht in den Grundwerkstoff nur bis zu einem Schweißgutanteil von 16 % beobachtet werden (Probe 3). Sobald der Schweißnahtanteil auf 30 % (4) steigt, verbleibt der Riss über die gesamte Probenbreite in der Schweißnaht. Damit unterscheidet sich der Rissverlauf nicht mehr von dem einer vollständig durchgeschweißten Probe (I-Naht), obwohl der Grundwerkstoffanteil im Querschnitt überwiegt. Dennoch bewirkt der restliche Grundwerkstoff im Querschnitt eine reduzierte Rissfortschrittsgeschwindigkeit gegenüber einer vollständig durchgeschweißten Naht.

Eine Möglichkeit die den Verbleib des Risses in der Schweißnaht erklären würde, wäre der geringere Risswiderstand im Schweißgut. Dieser könnte zu einem voreilenden Rissfortschritt in der Schweißnaht führen. Infolgedessen würde die Rissfront möglicherweise schräg ausgebildet sein und im Grundwerkstoff ein „Nachreißen" bewirken. Dieser Effekt scheint weitgehend unabhängig von den Kennwerten des Grundwerkstoffs zu erfolgen, der Riss reagiert vermutlich vorrangig auf die Eigenschaften des Schweißgefüges. Vorstellbar wäre auch, dass durch die Mehrachsigkeit in der angerissenen Probe und durch die Dehungsbehinderung aufgrund der Schweißnaht, die Rissspitze höher beansprucht ist als bei einer vergleichbaren Grundwerkstoffprobe. Somit könnte in Abhängigkeit vom Schweißgutanteil im Prüfquerschnitt die Rissfortschrittsgeschwindigkeit unterschiedlich stark beeinflusst werden.

Für die Nutzung eines Schweißnahtsockels leitet sich ab, dass dieser für Haut-Haut-Verbindungen hauptsächlich zur Reduzierung der Spannungsintensität an der Rissspitze genutzt werden kann.

5.5.1.4 Rissverlauf in Schweißverbindungen

Aus den bisherigen Versuchen geht hervor, dass eine Rissablenkung aus einer senkrecht zum Nahtverlauf belasteten Verbindung zu erwarten ist, wenn der Grundwerkstoffanteil am Prüfquerschnitt größer als 70 % ist. Bei einer durchgeschweißten Haut-Haut-Verbindung wurde eine Rissauslenkung nur beobachtet, wenn die sonst senkrecht zur Belastungsrichtung verlaufende Schweißnaht um $\alpha = 10°$ aus der ursprünglichen Lage gedreht ist (siehe Abschnitt 5.5.1.1). Aus diesem Grund wurde ein gekrümmter Schweißnahtverlauf erprobt, bei dem sich die Lage der Schweißnaht zur Belastungsrichtung kontinuierlich ändert. An einem Gedankenexperiment lässt sich zeigen, dass bei einem einachsig belasteten Blech mit einer Kreisschweißnaht die Wirkung der äußeren Belastung auf die Schweißnaht an jeder Stelle unterschiedlich ist. Der größte Teil der Schweißnaht liegt dann nicht mehr unter 90° sondern unter einem Winkel zwischen 0° und < 90° zur Belastungsrichtung.

Zur Herstellung einer Längsverbindung besteht die Möglichkeit, wechselseitig ausgeführte Halbkreise (Halbbögen) aneinanderzureihen. Mit Hilfe einer solchen Schweißverbindung wurde geprüft, ob der Riss in jedem Fall aus der Schweißnaht herauswandert. Sollte dies nicht der Fall sein und der Riss weiterhin in der Schweißnaht verlaufen, würde die Verlängerung der Schweißnaht aufgrund der Halbkreisanordnung einen wesentlich längeren Risspfad ermöglichen als bei einer Linearschweißnaht.

In Bild 35 ist das Ergebnis eines Rissausbreitungsversuchs an einer Halbbogenschweißnaht dargestellt. Der Riss wird im Grundwerkstoff auf der Symmetrielinie der Halbbögen gestartet und verläuft senkrecht zur Belastungsrichtung durch die gesamte Probe. Die Ursache für die etwas höhere Rissfortschrittsgeschwindigkeit der Halbbogenschweißverbindung im Vergleich zum unbeeinflussten Grundwerkstoff ist das thermisch beeinflusste Gefüge zwischen den geschweißten Halbbögen. Dadurch sind die lokalen Eigenschaften des Grundwerkstoffgefüges in der Nähe einer Schweißnaht abgemindert. Der lokal sehr starke Kurvenanstieg bei ca. 30 MPa $m^{1/2}$ lässt sich mit Risswachstum in Richtung Schweißnaht erklären, bei dem zuerst die Wärmeeinflusszone erreicht wird und anschließend der Riss in die Schweißnaht übertritt. Da das Schweißgut eine geringe Festigkeit besitzt, wird die plastische Zone vor der Rissspitze bereits durch diese Eigenschaften beeinflusst, obwohl sich der Riss immer noch im Grundwerkstoff beziehungsweise in der Wärmeeinflusszone befindet. Dadurch vergrößert sich die plastische Zone und der Rissfortschritt steigt rapide an. Ist die Schweißnaht durchschritten, trifft der Riss auf die Grenzfläche zur Wärmeeinflusszone in der die Festigkeit größer ist, wodurch die plastische Zone verkleinert wird. Der Risswiderstand steigt in diesem Bereich an, dass Risswachstum wird massiv behindert. Die Kurve fällt bis unterhalb des Grundwerkstoffniveaus ab. Vermutlich bewirkt auch der Wechsel in der Mikrostruktur zwischen Schweißgut und Wärmeeinflusszone eine weitere Rissverzögerung.

Das beobachtete Versagensbild beweist, dass der Riss entsprechend der äußeren Belastungsrichtung voranschreitet und die Schweißnaht nur lokal Bestandteil des Risspfades ist. Günstig für die Reduzierung der Rissfortschrittsgeschwindigkeit wirkt sich aus, dass die Schweißnaht im Schnittpunkt mit dem Riss nahezu parallel zur Belastungsrichtung liegt. Damit erklärt sich, warum der Riss nach Eintritt in die Schweißnaht nicht in dieser verbleibt beziehungsweise dieser folgt.

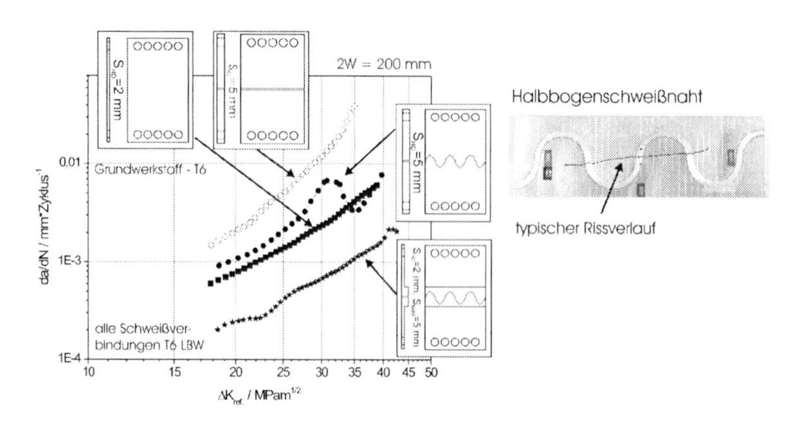

Bild 35 Wirkung einer gekrümmten Schweißnahtgeometrie auf die Rissausbreitungsgeschwindigkeit von geschweißten Haut-Haut-Verbindungen

Wird die Halbbogenschweißnaht mit einem Sockel kombiniert, lässt sich das ohnehin sehr gute Verhalten dieser Schweißverbindung gegenüber einem Riss weiter verbessern. In diesem Fall gelingt beides, die massive Reduzierung der Rissfortschrittsgeschwindigkeit infolge der reduzierten Spannungsintensität an der Rissspitze und ein Rissverlauf, der zu großen Teilen außerhalb der Schweißnaht liegt.

Dieser Gewinn für die Reduzierung der Rissfortschrittsgeschwindigkeit muss nun auf eine leichter zu fertigende Schweißnahtkontur übertragen werden. Gleichzeitig soll untersucht werden, ob durch Vergrößerung der Wellenlänge was die Fertigung vereinfachen würde eine Grenze für die Wirksamkeit einer solchen Schweißnahtkontur existiert. Dazu wurde statt der Halbbogenkontur eine Sinusfunktion gewählt, die mit zwei Wellenlängen ausgeführt wurde, dem bisher verwendeten Maß von λ_{SIN}=80 mm sowie mit wesentlich längerem Abstand von λ_{SIN} =380 mm. Die Amplitude wurde in beiden Schweißnahtkonturen mit ca. 20 mm gleich gewählt. Für beide Varianten wurde ein Sockel genutzt, der den gesamten Bereich der Schweißnaht abdeckt. Die geometrischen Abmessungen im Bereich der Schweißnaht sind eine Hautblechdicke von 1,6 mm, eine Gesamtdicke im Sockelbereich von 3,2 mm und eine Sockelbreite von 50 mm. Die Wirkung auf den Rissfortschritt ist in Bild 36 wiedergegeben.

Im Ermüdungsrissfortschritt zeichnet sich zwischen beiden Varianten kaum ein Unterschied ab. Die Unstetigkeit im Kurvenverlauf der Probe mit kurzer Wellenlänge resultiert aus dem Übergang zwischen Grundwerkstoff und Schweißgut beziehungsweise auch aus dem partiellen Verlauf des Risses im Schweißgut.

Der im Schweißgut gestartete Riss einer Schweißverbindung mit langer Wellenlänge verlässt das Schweißgut nach wenigen Millimetern Rissfortschritt in den Grundwerkstoff. Beide Kurven liegen zudem deutlich unterhalb der linear verlaufenden Schweißverbindung und dem Grundwerkstoff. Es bestätigt sich der aus dem Vorversuch bekannte Effekt, dass die Schweißnaht durch den Sockel stark entlastet wird und der Risspfad auch durch die Gefügebereiche Wärmeeinflusszone und Grundwerkstoff verläuft.

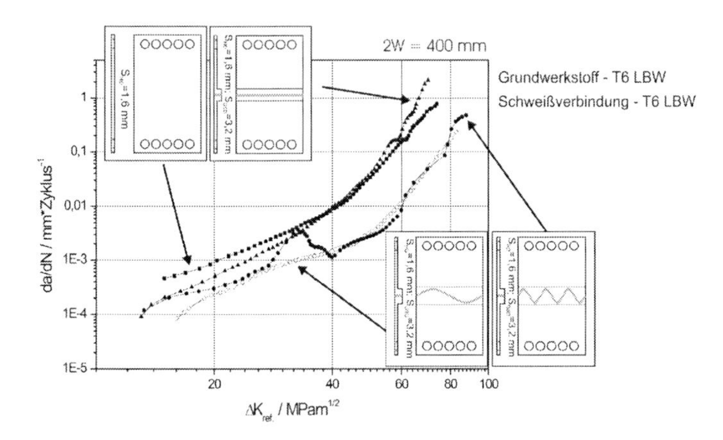

Bild 36 Rissfortschrittsgeschwindigkeit, gemessen an 400 mm breiten Proben mit optimiertem Sockelverhältnis und Sinusschweißkonturen

Die bisher gezeigten Proben wurden ohne Beulstütze geprüft. Es konnte zwar die Rissauslenkung aus der Schweißnaht beobachtet werden, jedoch verblieb der Riss, unabhängig von der Schweißnahtwellenlänge, im Bereich des Sockels. Insbesondere bei der kurzen Wellenlänge ist dieser Effekt erstaunlich, da der Riss teilweise bis auf 5 mm an den Sockelrand heranreichte, um dann parallel dazu, weiter durch den Grundwerkstoff zu verlaufen, Bild 37, Nr.1.

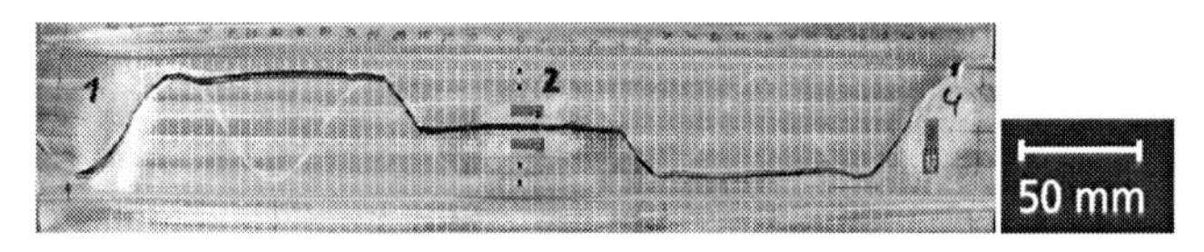

(1) Rissverlauf - Sinus-Schweißnahtkontur mit λ_{SIN}=80 mm, ohne Beulstütze

Bild 37 Rissverlauf in einer Probe mit Sinus-Schweißnaht und kurzer Wellenlänge λ_{SIN} = 80

Dieses Verhalten kann bei asymmetrischen Sockelproben vermutlich nur mit dem Vorhandensein eines zusätzlichen Rissmode erklärt werden. Im vorliegenden Fall ist anzunehmen, dass aufgrund der Beulung die Rissspitze zusätzlich durch den Rissmode III belastet wurde. Dieser bewirkt vermutlich den weiteren Rissfortschritt parallel zum Sockelrand. Ein Riss im Grundwerkstoff, der so nahe am Sockelrand verläuft, tritt üblicherweise in den Sockelradius über, Abschnitt 5.5.1.3.

Der Kurvenverlauf im Rissfortschrittsdiagramm von Proben mit und ohne Beulstütze ist bis zum Beginn der Beulung nahezu identisch und weicht dann deutlich voneinander ab, Bild 38. Der Rissverlauf und die Rissfortschrittskurve sind bis zu einer Spannungsintensität von ca. 53 MPa m$^{1/2}$ nahezu identisch. Ab diesem Punkt steigt die Rissfortschrittsrate der Probe mit Beulstütze kontinuierlich an. Der Riss ist aus dem Schweißgut heraus in den Bereich des Sockelradius, also in den Grundwerkstoff übergetreten. Durch die Beulstütze wird der Rissmode III unterdrückt und es kommt zum gleichen Rissfortschrittsverhalten wie es bei Grundwerkstoffproben mit Sockel üblicherweise beobachtet wurde. Der Riss wandert aus dem Sockel in den Sockelradius aus. Der Spannungsunterschied zwischen Sockel und Hautblech scheint in diesem Fall groß genug, um den Riss in die höher belastete Region des Sockelradius zu lenken. Aus dieser Beobachtung lässt sich schlussfolgern, dass die Voraussetzung für dieses Verhalten der vorherige Übergang des Risses aus der Schweißnaht in den Grundwerkstoff ist.

Würde die Schweißnaht stattdessen parallel zum Sockelrand verlaufen, wäre diese Möglichkeit nicht gegeben.

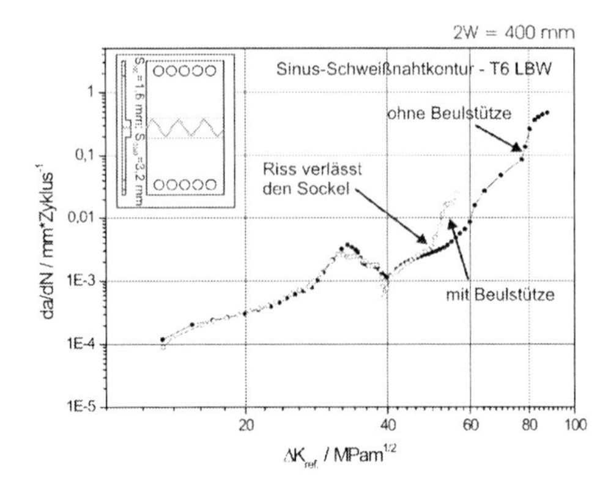

Bild 38 Einfluss der Beulstütze auf den Rissfortschritt von Schweißverbindungen mit Sinus-Schweißnahtkontur, λ_{SIN} =80 mm

Interessant ist das Rissverhalten bis zum Erreichen des Sockelrandes, Bild 39. Die Sinuskontur mit kurzer Wellenlänge weist einen Anstieg der Schweißnaht zwischen Wellental und Wellenberg von ca. 57° auf. Unter diesem Winkel scheint die Schweißnaht bei zyklischer Belastung kritisch beansprucht zu sein. Der Riss folgt teilweise der Schweißnahtkontur, obwohl Versuche an Linearschweißnähten gezeigt haben, dass ein Riss die Schweißnaht bereits verlässt, wenn diese um 10° aus der Belastungsrichtung gedreht ist (s. 5.5.1.1). Auch bei unterdrückter Beulung lässt sich dieses unerwartete Verhalten beobachten, so dass die Vermutung nahe liegt, dass durch die Zugbelastung eine Scherbewegung unter 45° (gleichzusetzen mit dem Rissmode II) in der Schweißnaht auftritt und diese den Rissfortschritt in dem Schweißgut begünstigt.

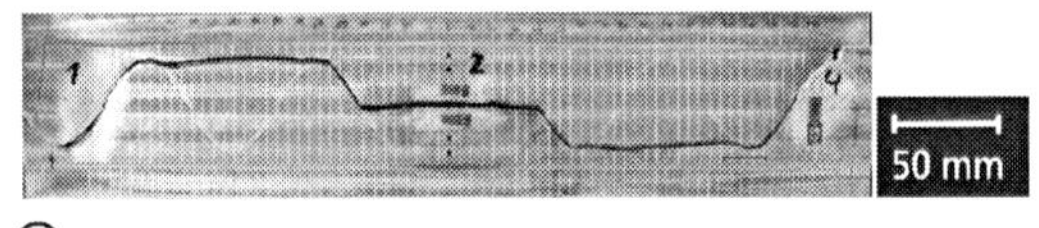

① Rissverlauf - Sinus-Schweißnahtkontur mit λ_{SIN} = 80 mm, ohne Beulstütze

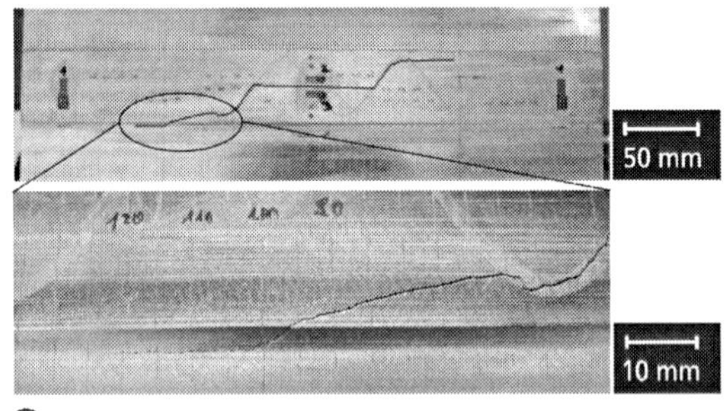

② Rissverlauf - Sinus-Schweißnahtkontur mit λ_{SIN} = 80 mm, mit Beulstütze

Bild 39 Rissverlauf in der Sinus-Schweißnahtkontur mit λ_{SIN} = 80 mm in Abhängigkeit vom Beulzustand der Probe, 1. Beulung frei möglich, 2. Beulung durch Beulstütze unterdrückt

Unabhängig davon wurde das Auswandern des Risses aus der Schweißnaht am Umkehrpunkt der Schweißnahtrichtung in allen Proben beobachtet. Somit ist davon auszugehen, dass bei einer Umorientierung des Risses in Schweißnahtrichtung mehr Energie für die Rissöffnung benötigt wird als für das Auswandern des Risses aus der Schweißnaht notwendig ist. Dieses Verhalten gewährleistet vermutlich, dass unabhängig von der äußeren Belastungsrichtung ein Auswandern des Risses aus der Schweißnaht erfolgen kann.

Als Resultat der Ergebnisse für die Rissfortschrittsversuche können für die Legierung 6013 und die ermittelten Schweißnahteigenschaften Randbedingungen zum geometrischen Aufbau und Verlauf der Schweißnahtkontur festgelegt werden. Zum besseren Verständnis werden die geometrischen Größen der Schweißnaht beziehungsweise der Wellenlänge in Bild 40 skizziert.

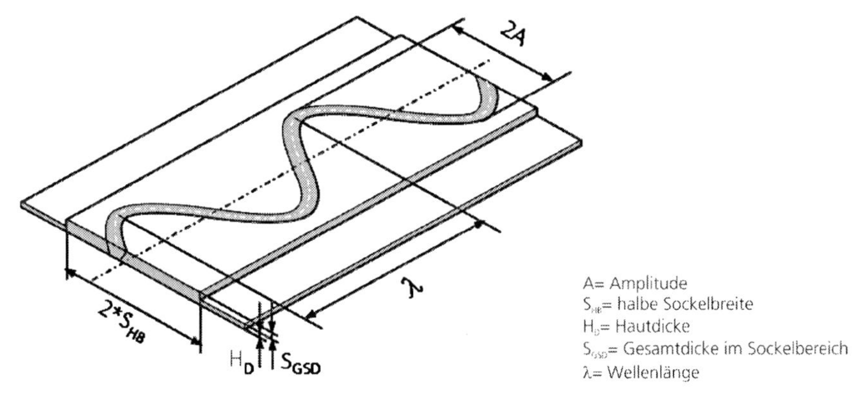

Bild 40 Skizze einer Sinusschweißnaht, Definition geometrisch relevanter Größen zur Beschreibung der Randbedingungen für die Gestaltung der Sinuskontur

Damit die dargestellte Sockel- und Schweißnahtgeometrie schweißtechnisch umsetzbar ist, müssen folgende Punkte berücksichtigt werden:

- die Breite der Fügezone (Schweißgutbereich) W_{SB} sollte zwischen 1 mm $\lesssim W_{SB} \lesssim$ 6 mm liegen
- die Größe der Amplitude A der Oszillation der Fügelinien sollte $\geq$ 10 mm sein
- die Wellenlänge λ der Oszillation der Fügelinien sollte zwischen $0{,}08 \lesssim A / \lambda \lesssim 0{,}32$ liegen
- die Sockelbreite $2{*}S_{HB}$ sollte entsprechend der Gleichung in Bild 33 für S_{HB} und der Amplitude A berechnet werden, diese jedoch aus Gewichtsgründen nicht überschreiten

Sind diese geometrischen Bedingungen erfüllt, lässt sich in die erzeugte Schweißnahtgeometrie je nach Breite der Fügezone W_{SB} und der gewählten Wellenlänge eine Gerade einzeichnen, Bild 41.

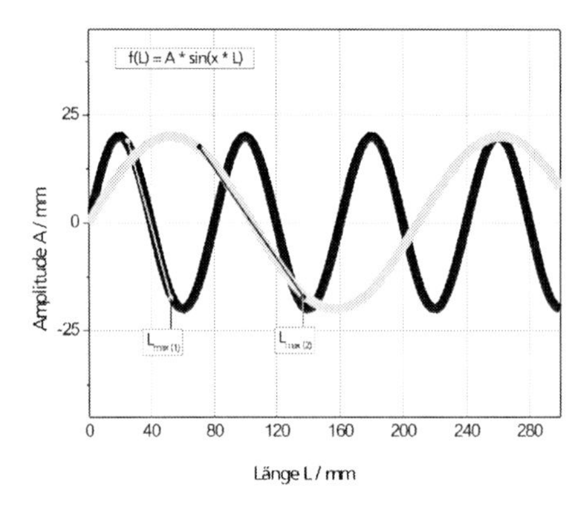

Bild 41 maximale Risslänge L_{max} bei zyklischer Rissausbreitung im Schweißgut innerhalb einer sinusförmigen Schweißnaht in Abhängigkeit von der Wellenlänge (Länge L) der Schweißnahtverlaufsfunktion

Diese Geradenlänge soll kleiner als die kritische Risslänge a_c der Struktur sein und einen Sicherheitsfaktor beinhalten, der zwischen 1 und 5 liegt. Die kritische Risslänge kann dabei anhand der Materialkennwerte für das Schweißgut und den Grundwerkstoff abgeschätzt werden:

$a_c = a_{cGW} \cdot (K_{cFZ} / K_{cGW})^2$ wobei,

a_{cGW} die kritische Risslänge des Grundwerkstoffs ist
K_{cFz} der kritische Spannungsintensitätsfaktor des schlechtesten Werkstoffzustandes (z. B. des Schweißgutes) ist und
K_{cGW} der kritische Spannungsintensitätsfaktor des verschweißten Grundwerkstoffs ist.

Die verwendete oszillierende Kontur kann dabei unter Berücksichtigung der kritischen Risslänge verschiedenen geometrischen Formen entsprechen. Vorstellbar sind:

- die beschriebene sinusförmige Kontur
- um die Symmetrielinie wechselseitig aneinandergesetzte Halbkreisbögen (siehe Vorversuch)
- um die Symmetrielinie unter einem Winkel aneinandergesetzte gerade Linien, die durch eine bogenförmige Kontur miteinander verbunden sind
- um die Symmetrielinie parallel verlaufende Linienabschnitte, die durch geeignete Radien miteinander verbunden sind
- oszillierende Konturverläufe, deren Wellenlänge variiert, zum Beispiel in Abhängigkeit von der äußeren Belastung.

Die grundlegenden Bedingungen für die Gestaltung und die schweißtechnischen sowie die werkstofftechnischen Belage dieser neuen Schweißnahtverläufe sind in einem Patent EP 1 902 812 A1 geschützt, [135].

5.5.2 Bruchmechanische Bewertung der zyklischen Rissausbreitung im Grundwerkstoff und der Schweißverbindung

Anhand der Versuche wird deutlich, dass insbesondere die zyklische Rissausbreitung einer Schweißnaht von mehreren Faktoren bestimmt wird. Dazu zählen:

- die Mikrostruktur der Schweißnaht, bestehend aus dem Grundwerkstoff, der Wärmeeinflusszone, der Schmelzlinie und dem Schweißgut, deren Festigkeit das lokale Festigkeits-Undermatching bestimmt, andererseits starke Unterschiede in der lokalen Dehnung aufweisen
- der mehrachsige Spannungszustand in der Schweißnaht, der zu einer Verformungsbehinderung führt
- der Geometrieeinfluss des Schweißnahtsockels (asymmetrischer Sockel), durch den eine heterogene Spannungsverteilung im Querschnitt der Probe entsteht
- der Blechdickeneinfluss
- Schweißnahtfehlstellen wie Poren und Risse sowie Kerben, die das bereits bestehende Undermatching beeinflussen beziehungsweise verstärken können

Die Schweißnaht in ihrer Komplexität zu erfassen, ist deshalb eine große Herausforderung in der bruchmechanischen Bewertung. Leistungsfähige numerische und analytische Methoden sind zwar generell sehr gute Hilfsmittel zur Beschreibung des Verhaltens von geschweißten Strukturen, stoßen aber bei der Erfassung aller Einflussfaktoren an ihre Grenzen. Für die Bewertung der Ergebnisse soll deshalb experimentell der Effekt, den der Sockel auf die zyklische Rissausbreitung ausübt, bestimmt und anschließend der Einfluss der Schweißnaht auf die zyklische Rissausbreitung beschrieben werden. Daraus leitet sich die folgende Vorgehensweise ab:

- Ermittlung der Differenz von ΔK_{ref} bei konstanter Rissfortschrittsrate da/dN zwischen Grundwerkstoffprobe mit Sockel (GWS) und Grundwerkstoffprobe ohne Sockel (GW) – „Sockeleffekt"

– = Sockeleffekt

- Ermittlung der Differenz von ΔK_{ref} bei konstanter Rissfortschrittsrate da/dN zwischen ebener Grundwerkstoffprobe und ebener Schweißnahtprobe – „Schweißnahteffekt"

Dieses experimentelle Verfahren bietet den Vorteil, geometrische, werkstofftechnische und spannungsbedingte Einflussfaktoren mit in die bruchmechanische Bewertung einbeziehen zu können. Bei diesem Versuch nicht berücksichtigt beziehungsweise nicht erfasst wird der Einfluss der Blechdicke. Dazu wären ebene Proben, deren Dicke der des Sockelbereichs entspricht, sinnvoll. Begrenzt ist die Gültigkeit der Ergebnisse auf den untersuchten Werkstoff, die verwendete Sockelgeometrie und das Undermatching der Schweißverbindung.

Bei dünnen Proben (Hautdicke 1,6 mm, Sockel 3,2 mm dick, 15 mm breit), wie sie für den Versuch verwendet wurden, wird die Rissfortschrittskurve durch Beuleffekte beeinflusst, Bild 42. Um die Berechnung der ΔK-Differenz mit ausreichender Genauigkeit durchzuführen, wurde nur der Bereich der Rissfortschrittskurve benutzt, in dem Beulung sicher ausgeschlossen werden konnte. Dazu wurden die Proben der Versuchsreihe vergleichsweise mit und ohne Beulstütze geprüft. In dem Bereich wo die Rissfortschrittskurven über einander liegen ist davon auszugehen, dass keine Beulung vorliegt. Weiterhin wurden die senkrecht zur Belastungsrichtung aufgebrachten Dehnmessstreifen zur Bestimmung des Beulbeginns genutzt. Für die ebenen Proben des Grundwerkstoffs beginnt dieser

Kurvenabschnitt bei einem ΔK_{ref} von ca. 18 und endet bei ca. 33 $MPam^{1/2}$. Bei Proben, die ohne Beulstütze geprüft wurden, kommt es bei höherem ΔK_{ref} zur Beulung und damit zu einem Unterschied in der Rissfortschrittskurve. Bei der Grundwerkstoffprobe mit Sockel ist bei höherem ΔK eine Rissdrehung aus dem Sockel in das dünnere Hautblech zu beobachten. Dieser Bereich beginnt bei der Grundwerkstoffprobe mit Sockel und ohne Beulstütze bei ca. 48 MPa $m^{1/2}$. Wird die Beulung unterdrückt, verschiebt sich die Rissdrehung auf höhere ΔK_{ref}-Werte. Da die Schweißverbindung ohne Beulstütze geprüft wurde, erfolgte die Bestimmung des Kurvenbereichs in dem keine Beulung auftritt, anhand der Dehnmesswerte. Für die Berechnung wurde für ΔK_{ref} der Bereich zwischen ca. 18 und ca. 33 $MPam^{1/2}$ genutzt.

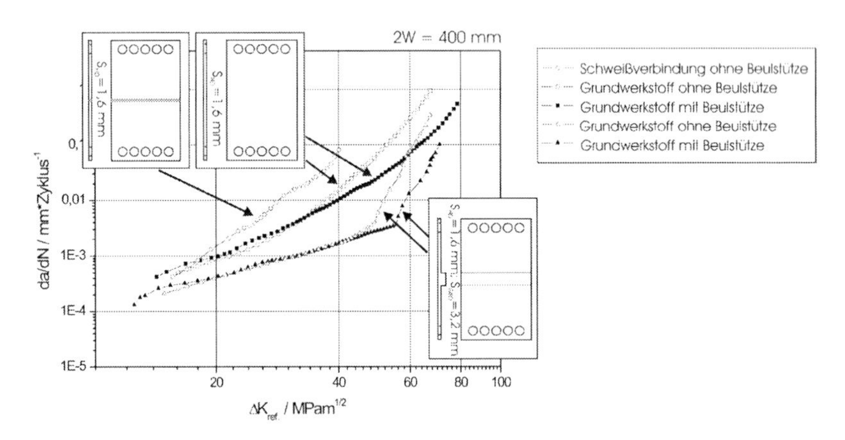

Bild 42 Einfluss der Beulstütze auf die Risswachstumsgeschwindigkeit von Grundwerkstoffproben mit und ohne Sockel

Für beide Grundwerkstoffproben (mit / ohne Sockel) konnten im Bereich II der Rissfortschrittskurve durch eine lineare Fit-Prozedur der Vorfaktor „C" sowie der Kennwert „m" der Paris-Gleichung nach Gleichung 2 bestimmt werden.

$$\frac{da}{dN} = C \cdot \Delta K_{ref}{}^{m} \qquad \text{Gl. 2}$$

In Tabelle 22 sind für beide Varianten die Gleichungen für den Linear-Fit und die Werte für den Vorfaktor „C" und den Exponent „m" angeben.

Tabelle 22 Vorfaktor für die Paris-Gleichung „C" und der Exponent „m"

Probenbezeichnung	Fit-Gleichung	C	m
GW / Haut ohne Beulstütze	y=-6,3725 + 2,54011 x	4,24E-07	2,54011
GWS / Sockel ohne Beulstütze	y=-6,1002 + 2,07346 x	7,94E-07	2,07346

Im Falle der ebenen Grundwerkstoffprobe ist „m" größer als bei der Sockelprobe. Da es sich um den gleichen Werkstoff handelt, muss dieser Effekt durch die Sockelgeometrie bedingt sein. Einerseits ist die Spannungsverteilung zwischen Sockel- und Hautblech inhomogen, andererseits ist auch davon auszugehen, dass die Spannung entlang der Rissfront zwischen glatter und Sockelseite ungleich ist.

Wird die Differenz der $\Delta K_{ref.}$-Werte zwischen Sockelprobe und ebener Grundwerkstoffprobe, bezogen auf die Hautspannung berechnet, ist der „Sockeleffekt" (inklusive Biegung, Rissfront, Spannungsverteilung usw.) erfasst, Bild 43.

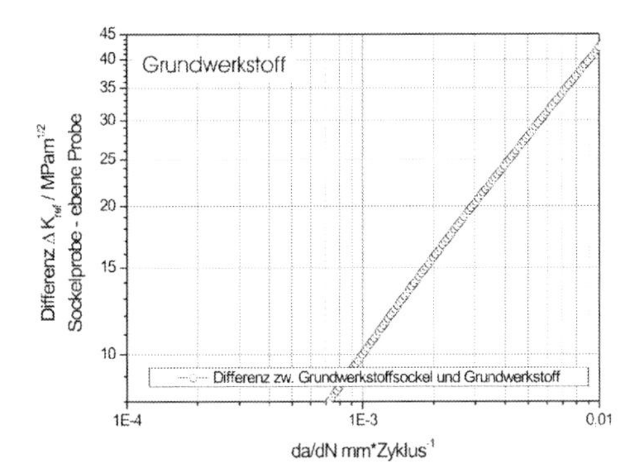

Bild 43 Experimentell ermittelter Einfluss des Sockels (Sockel ist doppelt so dick wie das Hautblech von 1,6 mm Dicke) auf ΔK für unterschiedliche Rissfortschrittsgeschwindigkeiten

Nachdem der „Sockeleffekt" bestimmt wurde, erfolgte die Berechnung des „Schweißnahteffekts". Darunter ist die gesamte Struktur der Schweißverbindung zu verstehen, bestehend aus den Bereichen (Grundwerkstoff, Wärmeeinflusszone, Schmelzlinie, Schweißgut). Wie groß der Einfluss der Schweißnaht auf die Rissausbreitung im Vergleich zum Sockeleinfluss ist, kann aus dem folgenden Versuch bestimmt werden. Dazu wurde die Rissfortschrittskurve einer ebenen Probe bestehend aus Grundwerkstoff und einer ebenen Probe mit Schweißverbindung experimentell bestimmt. In der Tabelle 23 sind die Geradengleichungen für die Paris-Gerade und der Vorfaktor „C" sowie der Exponent „m" angegeben.

Tabelle 23 Vorfaktor für die Paris-Gleichung „C" und der Exponent "m"

Probenbezeichnung	Fit-Gleichung	C	m
GW / Haut ohne Beulstütze	y=-6,3725 + 2,54011 x	4,24E-07	2,54011
SN / ebene Probe ohne Beulstütze	y=-9,85783 + 5,37452 x	1,38E-10	5,337452

Aus diesen Daten lässt sich die ΔK_{ref}-Differenz aus der Grundwerkstoffprobe (eben) und der Schweißnahtprobe (eben) bestimmen. In Bild 44 ist für den Bereich der Rissfortschrittsrate, indem die Berechnung zulässig ist, die ΔK_{ref}-Differenz aufgetragen. Im Vergleich dazu ist die ΔK_{ref}-Differenz, die den Sockeleffekt beschreibt, eingezeichnet. Bei gleichem da/dN ist die ΔK_{ref}-Differenz, die den Sockeleinfluss beschreibt größer als die des Schweißnahteffekts. Der Grund für diesen Unterschied liegt in den verschiedenen Kurvenanstiegen, die für die Paris-Geraden bestimmt wurden. Dieser ist bei der Schweißverbindung am größten und bei der Grundwerkstoffprobe mit Sockel am kleinsten.

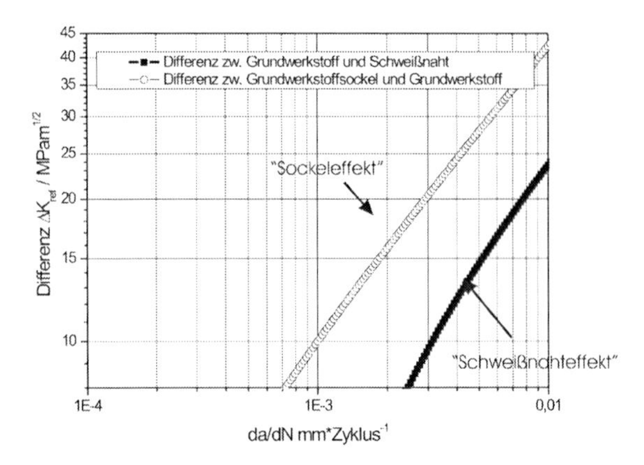

Bild 44 Unterschied zwischen dem Sockeleffekt und dem Schweißnahteffekt auf ΔK für unterschiedliche Rissfortschrittsgeschwindigkeiten

Nachdem der Einfluss des Sockels und der Schweißnaht auf die Rissfortschrittsgeschwindigkeit getrennt von einander vorliegen, wurde am Beispiel einer ebenen Probe mit Schweißverbindung die Sockelprobe mit Schweißnaht berechnet und mit der experimentell ermittelten Kurve verglichen.

Unter der Voraussetzung, dass Schweißgut und Grundwerkstoff bezüglich ihres Materialverhaltens vergleichbar sind, müsste mit der Kenntnis des Sockeleffekts auch die Rissfortschrittskurve für eine Schweißnaht mit Sockel abzuleiten sein, Bild 45. Dazu wird die in Bild 43 bestimmte ΔK-Differenz („Sockeleffekt") zu der experimentell bestimmten Rissfortschrittskurve einer Schweißverbindung ohne Sockel (1) bei konstantem Rissfortschritt addiert. Im Diagramm sollten die resultierende Rissfortschrittskurve (3) mit der zusätzlich eingetragenen Kurve für die Schweißnaht mit Sockel (2), welche experimentell ermittelte wurde, übereinstimmen. In Bild 45 sind die Rissfortschrittskurven aufgetragen.

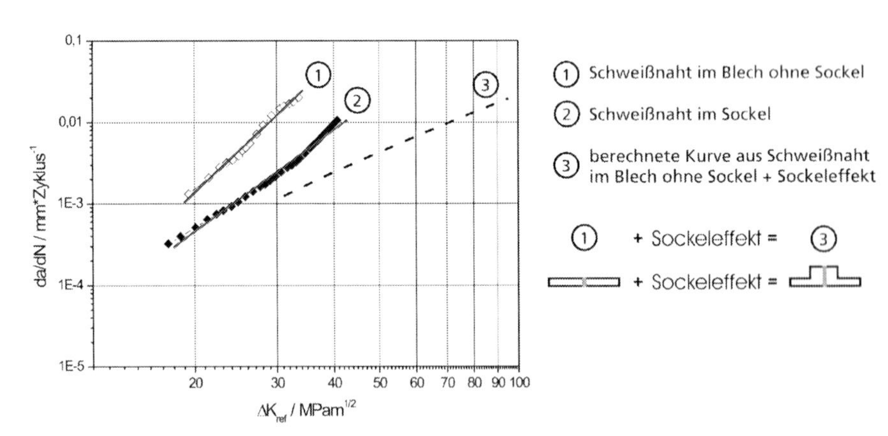

Bild 45 Ergebnis der Berechnung einer Rissfortschrittskurve für eine Schweißverbindung mit Sockel aus der Kenntnis des „Sockeleffekts" (siehe Bild 43)

Das Ergebnis dieses Vergleichs zeigt eine Differenz zwischen berechneter und experimentell bestimmter Kurve für die Schweißverbindung mit Sockel. Die berechnete Rissfortschrittskurve (3) weist bei konstantem da/dN höhere ΔK-Werte auf als sie beim experimentellen Versuch (2) ermittelt werden. In Tabelle 24 sind die Paris-Geradengleichungen für beiden Kurven gegenübergestellt.

Tabelle 24 Vorfaktor für die Paris-Gleichung „C" und der Exponent „m", für den Vergleich experimentell ermittelte und berechnete Schweißnahtprobe mit Sockel

Probenbezeichnung	Fit-Gleichung	C	m
SNS / experimentell bestimmt (2)	y=-8,66533 + 4,09673 x	2,16E-09	4,09673
SNS / berechnet aus „Sockeleffekt" (3)	y=-6,49838 + 2,42258 x	3,17E-07	2,42258

Die Abschätzung der Rissfortschrittsgeschwindigkeit einer Schweißverbindung mit Sockel erfolgte über die Kenntnis des „Sockeleffekts", der am Grundwerkstoff bestimmt wurde. Anhand der berechneten Rissfortschrittskurve ist zu erwarten, dass der Rissfortschritt für eine experimentell bestimmte Schweißnahtprobe mit Sockel geringer ausfällt beziehungsweise bei konstanten da/dN höhere ΔK-Werten erreicht werden sollten. Ursache für den Unterschied zwischen beiden Kurven ist möglicherweise:

- die Verformungsbehinderung in der Schweißnaht infolge des mehrachsigen Spannungszustandes
- Blechdickeneinfluss zwischen dünner und dicker Probe
- die inhomogene Spannungsverteilung an der Rissfront
- die K-Lösung spiegelt die Verhältnisse nicht ausreichend wieder

In Frage könnte auch das Aspektverhältnis der Schweißnaht kommen, welches bei Sockelproben im Vergleich zum dünneren Hautblech größer wird. Da bisher der Einfluss des Aspektverhältnisses ausschließlich an ebenen Proben (Abschnitt 5.5.1.1) untersucht wurde, lässt sich das Verhalten für die Sockelproben nicht exakt vorhersagen.

Somit ist aufgrund der durchgeführten Berechnungen anzunehmen, dass die bruchmechanische Beschreibung von Schweißverbindungen nicht nur von den werkstofftechnischen Eigenschaften sondern auch von der Geometrie der Schweißnahtumgebung und der Spannungsverteilung an der Rissfront abhängt. Für die Simulation von Undermatching-Schweißverbindungen sind diese Einflussfaktoren unbedingt zu berücksichtigen, um sichere Aussagen über die Ermüdungsverhalten angerissener Haut-Haut-Verbindungen zu geben.

5.5.3 Bewertung der Belastbarkeit von Schweißverbindungen

Für die Auslegung einer schadenstoleranten Struktur muss nach dem Handbuch Struktur Berechnung [13] die Frage: „Wie groß ist die Tragfähigkeit eines Bauteils im angerissenen Zustand? – Restfestigkeitsproblem" beantwortet werden. Für die Untersuchung der Restfestigkeit werden die Varianten genutzt, die bereits zur Reduzierung der Rissfortschrittsgeschwindigkeit vorteilhaft für die Struktur waren. Drei Varianten bieten sich für den Vergleich an und sollen in den folgenden Ausführungen miteinander verglichen werden:

- Linearschweißnaht mit Sockel
- Sinusschweißnaht mit kurzer Wellenlänge λ_{SIN} = 80 mm
  - mit linear verlaufendem Startkerb (Startkerbende im Grundwerkstoff)
  - mit konturgenauem Startkerb in der Schweißnaht

- Sinusschweißnaht mit langer Wellenlänge λ_{SIN} = 380 mm
  - mit linear verlaufendem Startkerb (Startkerbende im Grundwerkstoff)
  - mit konturgenauem Startkerb in der Schweißnaht

Die Startkerblänge wird bei allen Proben mit 0,33 * 2W festgelegt und bezieht sich bei den gekrümmten Schweißnähten mit konturgenauer Kerbung auf die projizierte Startkerblänge. Als Referenz für die Versuche dient der Grundwerkstoff mit einer Hautblechdicke von 1,6 mm. Alle geschweißten Proben werden ohne nachträgliche Warmauslagerung geprüft und verglichen mit dem Grundwerkstoff der im Zustand T6 vorliegt. Die Sockelgeometrie wird mit 1,6 mm Hautblechdicke und 3,2 mm Gesamtdicke im Sockelbereich festgesetzt. Die Sockelbreite $2S_{HB}$ beträgt 15 mm für die Linearschweißnähte und 50 mm für die Sinusschweißnähte. Die Bestimmung der Restfestigkeit erfolgte aus der Kraft-Weg-Kurve die für 760 mm (2W) breite Proben aufgenommen wurde. Dazu wurde aus der erreichten Maximalkraft und dem Hautquerschnitt der Probe die Restfestigkeit berechnet, Bild 46. Im Anschluss wird auch das Bruchverhalten mit in die Bewertung einbezogen. Dies ist notwendig, da Risspfad und die Höhe der Restfestigkeit unmittelbar zusammenhängen.

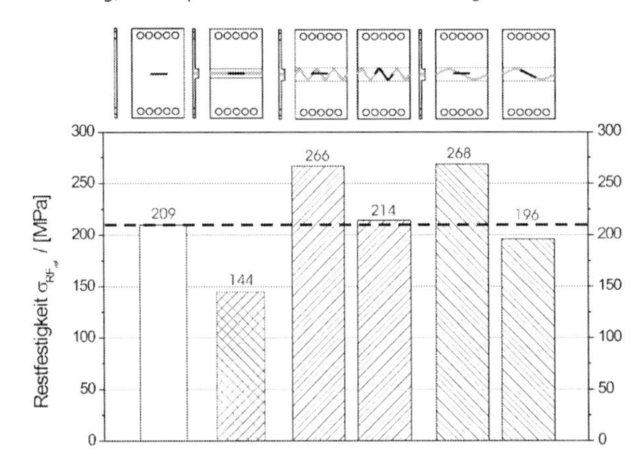

Bild 46 Restfestigkeit in Abhängigkeit von der Schweißnahtkontur und der Lage des Startkerbs im Vergleich zum Grundwerkstoff

Die Bestimmung des Referenzwertes am Grundwerkstoff erbrachte eine Restfestigkeit von 209 MPa. Die Linearschweißnaht konnte trotz Nutzung der gleichen Sockelgeometrie, die im Rissfortschritt erfolgreich war, nicht mit dem Grundwerkstoff konkurrieren. Es wurden 144 MPa für die Restfestigkeit der Linearnaht erreicht, wobei die Schweißnaht den Rissverlauf vorgab. Zum Vergleich wurde beispielhaft eine Grundwerkstoffprobe mit der gleichen Sockelgeometrie geprüft, wie sie für die Schweißverbindung genutzt wurde. Bei diesem Versuch kam es zu einer Rissdrehung aus dem Sockel in das dünnere Hautblech. Somit kann angenommen werden, dass aufgrund der großen plastischen Zone im Schweißgut vor der Rissspitze der Risspfad nahezu vollständig vom Schweißgut bestimmt wird.

Wie in Bild 47 oben dargestellt, wurde die Dehnung an der Rissspitze während des gesamten Versuchs durch optische Dehnungsmessung (ARAMIS) beobachtet. Dazu notwendig war ein Loch in der Beulstütze, durch das die Rissspitze der Probe beobachtet werden konnte. Die restlichen Öffnungen in der Beulstütze dienten dem Anschluss von Dehnmessstreifen. Diese waren auf beiden Seiten der Probe jeweils gegenüberliegend appliziert. ARAMIS-Messungen der Dehnungsverteilung im Sockel zeigen Unterschiede zwischen den Proben des Grundwerkstoffs und der laserstrahlgeschweißten Haut-Haut-Verbindung, Bild 47. Zu sehen ist jeweils die Rissspitze (links im Bild) und der Sockel sowie das dünnere Hautblech. Der Geometrie überlagert ist die Grauwertabstufung der Dehnungsverteilung inklusive der jeweiligen Dehnungswerte, gemessen in Zugrichtung. Die Daten sind einer statischen Messung entnommen, die bei einer äußeren Last von 100 kN durchgeführt wurde. Die ARAMIS-Messungen bestätigen, dass deutlich vor der Rissspitze im Sockel eine geringere Dehnung vorherrscht als im dünneren Hautblech unabhängig von der Probe. Unterschiede in der Dehnungsverteilung gibt es auch unmittelbar vor der Rissspitze zwischen den Werten, die am Grundwerkstoff gemessen wurden und denen an der Schweißverbindung. Die lokale Dehnung an der Rissspitze der Schweißnaht ist höher als die im Grundwerkstoff. Weiterhin sind die lokalen Dehnwerte in der Nähe der Rissspitze, siehe Bild 47, im Bereich des Schweißgutes genauso groß wie im Bereich des Übergangs zwischen Sockel und Hautblech. Im weiteren Rissverlauf versagt die Haut-Haut-Verbindung entlang des Schweißgutes. Vermutlich aufgrund der großen plastischen Zone im Schweißgut verbleibt der Riss in der Schweißnaht. Beim Grundwerkstoff ist die Rissspitze durch den Sockel entlastet. Das dünnere Hautblech am Sockelrand zeigt eine wesentlich größere Dehnung, der Riss wandert aus dem Sockel in das dünnere Hautblech aus.

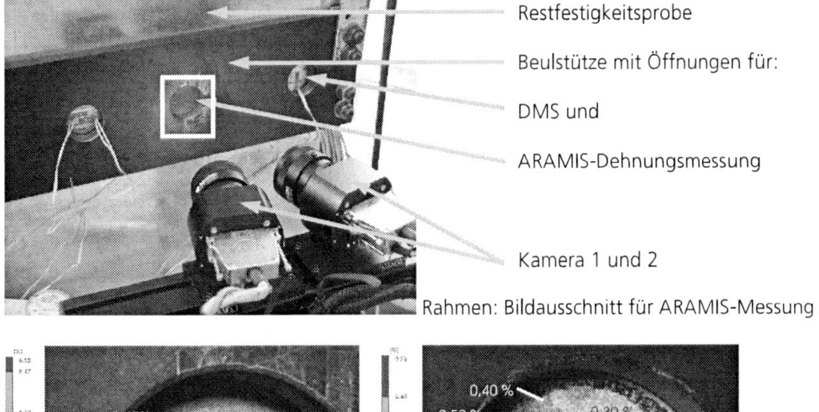

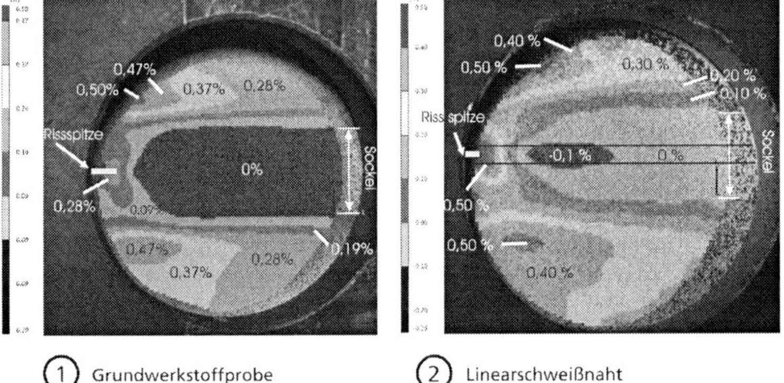

Bild 47 ARAMIS-Messung bei einer äußeren Kraft von 100 kN, gezeigt ist die Dehnungsverteilung an der Rissspitze im Bereich des Sockels (S_{HD}=1,6 mm, S_{GSD}=3,2 mm), Dehnung gemessen in Zugrichtung, senkrecht zur Risslage

Deutlich besser schneiden die Varianten mit sinusförmiger Schweißnaht ab, siehe Bild 46. Unabhängig von der Wahl des Startkerbs wird das Grundwerkstoffniveau der Restfestigkeit durch beide Varianten näherungsweise erreicht beziehungsweise deutlich überschritten. Liegt der Startkerb linear vor, befindet sich das Ermüdungsrissende im Grundwerkstoff. Der Riss verlässt den Sockel entweder auf kürzestem Weg zum Sockelrand (Probe mit langer Wellenlänge) oder durch die Schweißnaht in den Sockelradius (Probe mit kurzer Wellenlänge). In diesem Fall reißt der Grundwerkstoff bis zum Kontakt mit der Schweißnaht auf, so dass der Riss vorerst in die Schweißnaht übertritt, dieser folgt, und schließlich am ersten Wellenbogen die Schweißnaht durch Übergang in den Sockelradius verlässt. Für beide Rissverläufe bewirkt der Start im Grundwerkstoff eine deutlich höhere Restfestigkeit der Schweißverbindung als der Referenzwert des 1,6 mm dicken Grundwerkstoffs. Als Erklärung dafür kann die Spannungsreduzierung im Sockel angeführt werden, wodurch die Rissspitze eine Entlastung erfährt.

Wird der Riss direkt in die Schweißnaht eingebracht, ist der jeweilige Schweißnahtverlauf entscheidend für den Rissverlauf und die erreichbare Festigkeit. Im speziellen Fall der Sinusschweißnaht mit kurzer Wellenlänge λ_{SIN} = 80 mm erfolgt zunächst der Rissfortschritt im Schweißgut. Mit Erreichen des ersten Wellenbogens tritt der Riss schließlich in den Sockelradius über und verläuft weiter im Grundwerkstoff. Damit ist davon auszugehen, dass die benötigte Rissenergie für die Umorientierung in der Schweißnaht größer ist als die für den Übertritt in den Sockelradius. Befindet sich der Riss dann im 1,6 mm dicken Hautblech, entspricht die Restfestigkeit dem Niveau des Grundwerkstoffs. In diesem Fall bewirkt die Kombination aus Schweißnahtverlauf und Sockel den Übertritt des Risses aus der Schweißnaht in den Grundwerkstoff, Bild 48.

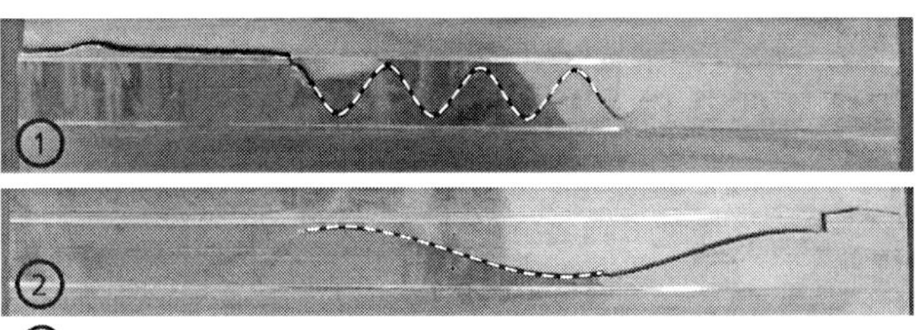

(1) Sinus-Schweißnaht mit kurzer Wellenlänge λ_{SIN}= 80 mm

(2) Sinus-Schweißnaht mit langer Wellenlänge λ_{SIN}= 380 mm

Konturstartkerb

Bild 48 Rissverlauf einer Sinusschweißnaht mit kurzer Wellenlänge (Riss läuft bis zum Erreichen des ersten Wellenbogens in der Schweißnaht und verlässt diese in den Grundwerkstoff) und einer Schweißnaht mit langer Wellenlänge (Riss verläuft in der Schweißnaht)

Dass die Umorientierung der Schweißnaht ein Kriterium für den Rissübergang aus der Schweißnaht in den Grundwerkstoff ist, zeigt sich anhand der Sinusschweißnaht mit langer Wellenlänge λ_{SIN} = 380 mm. In diesem Fall (Startkerb konturgenau im Schweißgut) verbleibt der Riss in der Schweißnaht und folgt deren Kontur. Erst bei sehr hoher Belastung, wenn der Riss fast den Probenrand erreicht hat, versagt der Restquerschnitt neben dem Sockel. Dennoch liegt die Restfestigkeit nur knapp unter dem Niveau des Grundwerkstoffs. Somit ist anzunehmen, dass sowohl die größere Schweißnahtlänge als auch die kontinuierliche Umorientierungsbewegung zur Erhöhung der erreichbaren Restfestigkeit im Vergleich zur Linearnaht beiträgt.

5.5.3.1 Einfluss der Schweißnahtlage zur Belastungsrichtung auf die Restfestigkeit

Im Gegensatz zur Linearschweißnaht verläuft der Riss in der Sinus-Schweißnaht mit kurzer Wellenlänge λ_{SIN} = 80 mm nur teilweise im Schweißgut. Es ist deshalb zu klären, ob die vermutlich unzureichende Bruchzähigkeit oder die Größe der plastischen Zone vor der Rissspitze des Schweißgutes den Rissverlauf bestimmt oder ob durch Variation der Rissöffnungsmoden an der Rissspitze, Einfluss auf den Rissverlauf genommen werden kann. Deshalb soll die Wirkung der Rissmoden I und II auf den Rissverlauf genauer untersucht werden. Gleichzeitig gilt es zu prüfen, ob es eine Grenze für den Übertritt des Risses aus der Schweißnaht in den Grundwerkstoff gibt beziehungsweise diese abzuschätzen.

Für diese Untersuchung bietet sich die von Benitz [136] vorgeschlagene Bruchmechanikprobe an. Mit dieser Probe ist es möglich, den Übergang von reiner Zugbeanspruchung (K_I) zur reinen Schubbeanspruchung (K_{II}) an der Rissspitze darzustellen. Dazu notwendig ist ein aufwendiges Spannzeug, dass für die benötigte Probengröße nicht mit der vorhandenen Zugprüfmaschine umsetzbar war. Dennoch wurden Versuche, bei der die Proben nur einachsig belastet werden, umgesetzt. Dazu musste eine Möglichkeit für die Aufteilung der äußeren Kraft in zwei Komponenten an der Rissspitze geschaffen werden. Dies gelingt durch Variation der Risslage bezogen zur Belastungsrichtung, Bild 49.

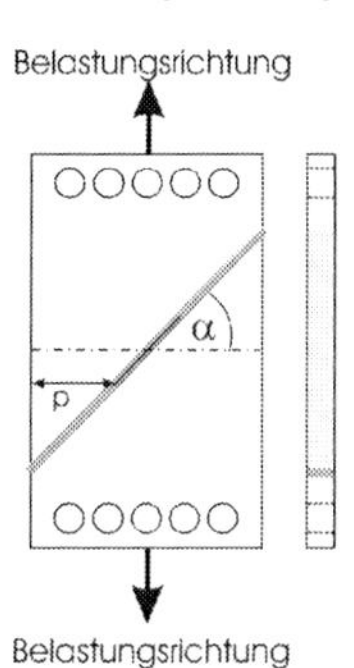

Bild 49 Restfestigkeitsprobe mit unterschiedlicher Schweißnahtlage zur Belastungsrichtung

Grundlage dafür ist die Abhängigkeit der Spannungsintensitätsfaktoren K_I und K_{II} vom Winkel des im Bauteil befindlichen Risses, bezogen auf die äußere Belastungsrichtung, Bild 50. Rechnerisch kann die Variation der Spannungsintensitätsfaktoren K_I und K_{II} für jeden Winkel zwischen 0 bis 90° mittels der Berechnungsvorlagen von Theilig [137] und Murakami [138] erfolgen. Praktisch wurden drei Zustände festgelegt. Ein Riss der unter einem Winkel von 35° zur Belastungsrichtung liegt, wird von K_I dominiert, unter 45° sind K_I und K_{II} gleich groß und unter 55° ist K_{II} größer als K_I. Für jeden dieser drei Winkel wurde eine Blindnaht in die jeweilige 400 mm breite Restfestigkeitsprobe geschweißt.

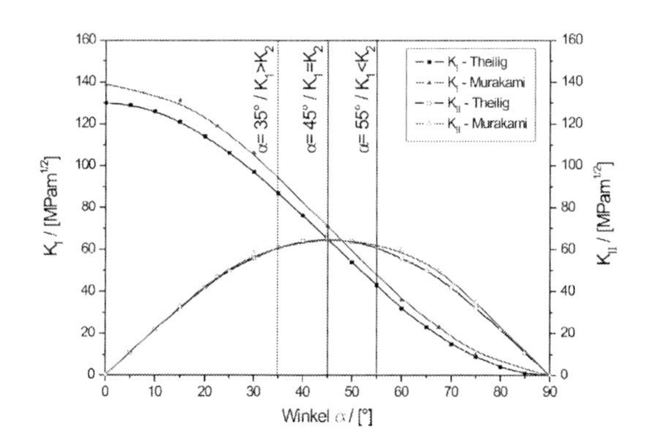

Bild 50 Abhängigkeit der Spannungsintensitätsfaktoren K_I und K_{II} vom Winkel des Risses zur äußeren Belastungsrichtung

Als Vergleichsbasis wurde eine rissbehaftete Schweißnaht genutzt, deren Orientierung zur äußeren Belastungsrichtung senkrecht lag. In diesem Fall wird die Schweißverbindung ausschließlich durch den Rissöffnungsmode I belastet. Um auch den Einfluss des Gefüges an der Rissspitze auf den Rissverlauf zu bewerten, wurden Grundwerkstoffproben untersucht. Das Ergebnis der Restfestigkeitsuntersuchungen ist für den Werkstoff 6013 in Bild 51 dargestellt. Darin erfolgt die Berechnung der Restfestigkeit durch den projizierten Restquerschnitt der Probe, dass heißt, den kürzesten Abstand „p" zwischen Rissspitze und Rand der Probe (siehe Skizze in Bild 51).

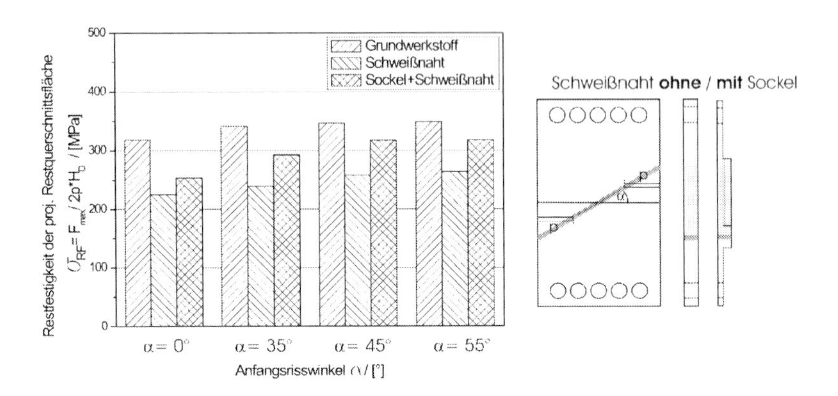

Bild 51 Höhe der Restfestigkeit in Abhängigkeit von dem Anfangswinkel des Startkerbs zur Belastungsrichtung

Die Restfestigkeit der Grundwerkstoffproben ist für alle drei Winkel 35°, 45° und 55° nahezu vergleichbar auf einem hohen Niveau. Die Restfestigkeit für die Proben der Schweißverbindung ist geringer, auch hier sind die erreichten Werte nahezu unabhängig von dem Winkel der Schweißnaht zur Belastungsrichtung. Die Verwendung eines Schweißnahtsockels (Hautblechdicke 1,6 mm, Gesamtdicke im Sockelbereich 3,2 mm) bewirkt eine Erhöhung der Restfestigkeit um durchschnittlich 20 %. Damit gelingt zwar eine Verbesserung der Restfestigkeitswerte von Schweißverbindungen in Richtung Grundwerkstoff, dessen Niveau wird jedoch nicht erreicht.

Anhand der erreichten Festigkeitswerte ist erwartungsgemäß kein Effekt der unterschiedlichen Beanspruchung der Rissspitze zu ermitteln. Mehr Aufschluss bringen die entstanden Rissverläufe, dargestellt in Bild 52. Im Grundwerkstoff ist die Vorzugsrichtung für den eingeschlagenen Risspfad unabhängig von dem Winkel des Startkerbs zur Belastungsrichtung. Die Proben versagen immer senkrecht zur äußeren Belastung. Das heißt, auch im Falle der winkelbedingten Dominanz von K_{II} (α = 55°) breitet sich der Riss entsprechend dem Rissmode I senkrecht zur äußeren Beanspruchung aus, Bild 52a.

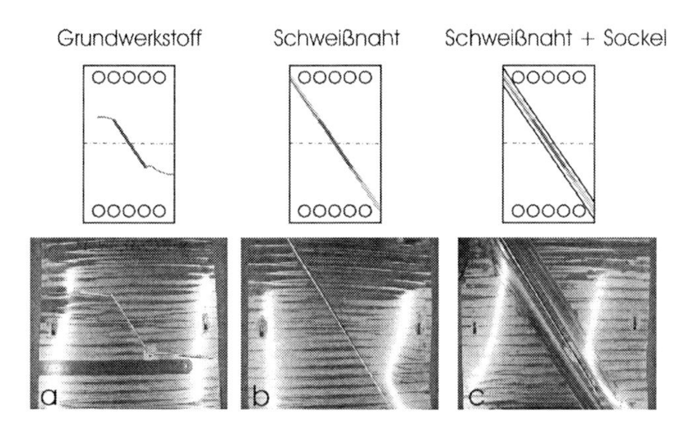

Bild 52 Rissverlauf der Proben mit einem Winkel von 55° zwischen Startkerb und äußerer Belastung für die Zustände: a) Grundwerkstoff; b) Schweißnaht in einer ebenen Probe; c) Schweißnaht in einer Sockelprobe

Für die Schweißverbindung kann dieses Verhalten nicht beobachtet werden. Der Risspfad liegt auch bei den Winkelproben immer in der Schweißnaht, selbst wenn ein Sockel die Spannungsintensität an der Rissspitze abmindert, Bild 52 b, c. Damit ist anzunehmen, dass nicht der Rissmode beziehungsweise die Lage der Schweißnaht zur BLR den tatsächlichen Rissverlauf steuert, sondern der Riss entsprechend der Richtung mit der geringsten Bruchzähigkeit oder der Größe der plastischen Zone verläuft. Durch Makroaufnahmen kann diese Vermutung anhand der Verformung vor der Rissspitze an der Probenoberfläche geprüft werden. Der Einfluss des Rissmode lässt sich mit steigender Belastung bei allen Proben in Abhängigkeit vom Gefüge an der Rissspitze gut erkennen. Im Grundwerkstoff ist die Ausbildung des Verformungsfeldes, unabhängig vom Winkel des Risses zur Belastungsrichtung, nahezu kreisförmig in Richtung Probenrand ausgebildet, Bild 53.

In der Schweißverbindung bewirkt die geringe Festigkeit des Schweißgutes, dass ausschließlich in diesem Gefügebereich die lokale Verformung stattfindet. Der Winkel unter dem die Schweißnaht zur Belastungsrichtung orientiert ist, ist dabei unerheblich. Die umgebende Wärmeeinflusszone wird nur geringfügig von dem Verformungsfeld erfasst, so dass die Probe schließlich entlang der Schweißnaht versagt. Erst bei der Sockelprobe dehnt sich die Verformung über die Schweißnaht auf die Wärmeeinflusszone in Richtung des kürzesten Abstandes zum Sockelrand aus, Bild 53c. Die Sockelgeometrie bewirkt, dass sich der Riss unter der äußeren Belastung aus der Schweißnaht heraus in Richtung Riss orientiert (weiß umrandete Bereich in Bild 53c). Steigt die Belastung weiter, verläuft der Riss zunächst senkrecht zur Belastungsrichtung im Schweißgut bis zur Schmelzlinie und wird an dieser gestoppt. Ein Übertritt aus der Schweißnaht in den Bereich des Sockels findet nicht statt, der Bruch erfolgt entlang des Schweißgutes beziehungsweise der Schmelzlinie.

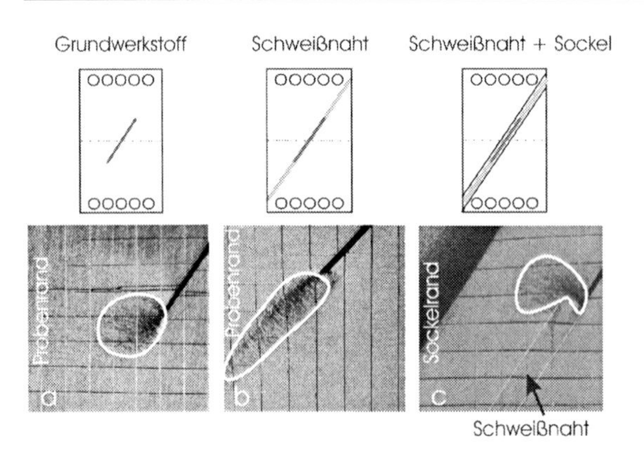

Bild 53 Ausbildung des Verformungsbereichs von der Rissspitze für die Zustände: a) Grundwerkstoff; b) Schweißnaht; c) Schweißnaht in einer Sockelprobe

Die Bruchflächen der Proben zeigen auch, dass in Abhängigkeit vom Winkel der Schweißnaht zur Belastungsrichtung die Schmelzlinie einen größeren Anteil an der Bruchfläche einnimmt. Zwischen 0 und 35° stellt hauptsächlich das Schweißgut den Risspfad dar. Dieses Verhalten wird mit zunehmendem Winkel durch einen Rissverlauf in der Schmelzlinie abgelöst. Bei der um 55° gedrehten Schweißnaht stellt die Schmelzlinie schließlich den größten Teil des Risspfades dar. Aufgrund dieser Ergebnisse ist anzunehmen, dass diese durch die plastische Zone an der Rissspitze im Schweißgut der Rissverlauf nur dann aus der Schweißnaht heraus in den umgebenden Grundwerkstoff führt, wenn sich die Schweißnahtverlauf innerhalb bestimmter Grenzen kontinuierlich ändert, Vergleich Sinus-Schweißnaht mit kurzer Wellenlänge. Damit gelingt es, die Restfestigkeit der Haut-Haut-Verbindung auf ein Niveau anzuheben, das mit dem Grundwerkstoff vergleichbar ist, siehe Bild 46. Im Anschluss an die durchgeführten Versuche kann für die verwendete Sockelgeometrie und für den untersuchten Werkstoff eine Beschreibung der Geometrieverhältnisse erfolgen, Bild 54.

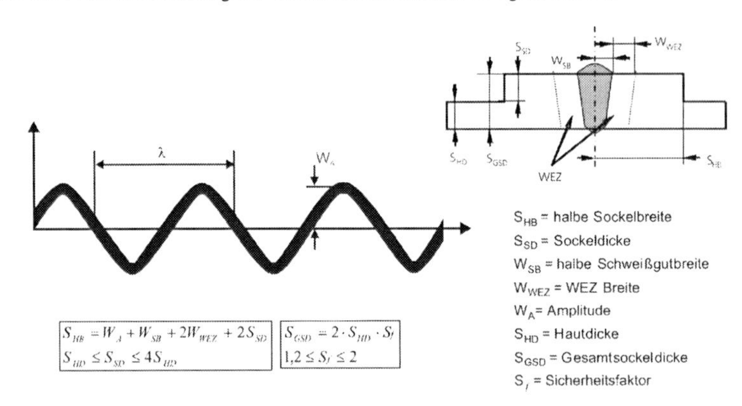

Bild 54 Experimentell ermittelte Schätzformel für die Größe des Sockels der Schweißnahtumgebung nach Konzept 2, Abschnitt 3 zur Verbesserung der Belastbarkeit von Haut-Haut-Verbindungen für metallische Integralrumpf-Strukturen

Der in den Formeln angegebene Faktor 2 vor der WÄRMEEINFLUSSZONE Breite, der Sockeldicke und der Hautdicke ist gewählt worden, um sicherzustellen, dass am Sockelrand Grundwerkstoff vorliegt. Ohne diesen Faktor besteht die Gefahr, dass der Sockel zu schmal beziehungsweise zu niedrig ausgebildet ist und damit nicht die gewünschte Wirkung erzeugt.

5.5.3.2 Abschätzende Bewertung der Restfestigkeit nach der „SINTAP"-Prozedur

Ziel war die Bauteilbewertung der Schweißverbindungen mit schmaler Naht und Vorhandensein des Undermatching durch das Mehrstufenkonzept „SINTAP". Da die Mittenrissproben aufgrund der Sockelgeometrien ohne Bestimmung des CTOD, δ_5-Wertes durchgeführt wurden, erfolgt die Bauteilbewertung nicht mit der von Seib [76] erarbeiteten verbesserten „SINTAP"-Prozedur für schmale Schweißverbindungen sondern mit der bisher bekannten Vorgehensweise für Mismatch-Proben (siehe [79]). Zur Anwendung kam die so genannte „Basisebene für Mismatch", die speziell für Schweißnähte, deren Fließgrenzen sich im Vergleich zum Grundwerkstoff um mehr als 10 % unterscheiden, zur Verfügung steht. Als Kennwert für die Schweißverbindung wurde die lokale Festigkeit des Schweißgutes genutzt. Folgende Daten und Randbedingungen fließen in die Berechnung ein:

- 0,2%-Dehngrenze des Schweißgut: (bzw. F_{YW}) — $R_{p0,2,W}$ = 138 MPa (T6 LBW); $R_{p0,2,W}$ = 273 MPa (T6 LBW T6)
- 0,2%-Dehngrenze des Grundwerkstoffs: (bzw. F_{YB}) — $R_{p0,2,B}$ = 336 MPa (T6)
- E-Modul: — $E_W = E_B$ = 69 000 MPa
- Bruchzähigkeit der Schweißverbindung: — K_{mat} = 49 MPa $m^{1/2}$ (T6 LBW); K_{mat} = 41 MPa $m^{1/2}$ (T6 LBW T6)
- Probenbreite: — 2W = 760 mm
- Risslänge: — 2a = 250 mm konst.
- Probendicke: — 3,2 mm

Die verwendeten Proben wiesen einen Schweißnahtsockel von 15 mm Breite, bei einer Sockeldicke von 3,2 mm auf und enthielten einen Mittenriss. Für die Berechnung wurde der Sockel wie eine ebene Probe behandelt, so dass der Formalismus der „SINTAP"-Prozedur nach [70] genutzt werden konnte. Schließlich lässt sich aus den Kennwerten das so genannte „Failure Assessment Diagram" (FAD) erstellen. Zugrunde gelegt sind für die Berechnungen der „Basisebene für Mismatch" folgende Vorschriften:

$$K_r = f(L_r) = \left[1 + \frac{1}{2} \cdot L_r^2\right]^{-\frac{1}{2}} \cdot \left[0,3 + 0,7 \cdot \exp(-\mu_M \cdot L_r^6)\right] \quad \text{für } 0 \le L_r \le 1 \qquad \text{Gl. 3}$$

$$\mu_M = (M-1) \cdot \left[\frac{\left(\frac{F_{YM}}{F_{YB}} - 1\right)}{\mu_W} + \frac{\left(M - \frac{F_{YM}}{F_{YB}}\right)}{\mu_B}\right]^{-1} \qquad \text{Gl. 4}$$

$$\mu_W = 0,001 \cdot \frac{E_W}{R_{p0.2,W}} \qquad E_W \text{ und } R_{p0,2,W} \text{ in MPa} \qquad \text{Gl. 5}$$

$$\mu_B = 0,001 \cdot \frac{E_B}{R_{p0,2,B}} \qquad E_B \text{ und } R_{p0,2,B} \text{ in MPa} \qquad \text{Gl. 6}$$

$$M = \frac{R_{p0,2,W}}{R_{p0,2,B}} \qquad \text{Gl. 7}$$

Aufgetragen werden auf der Ordinate die normierte Rissspitzenbelastung K_r und auf der Abszisse der Plastifizierungsgrad des Ligaments, L_r, Bild 55.

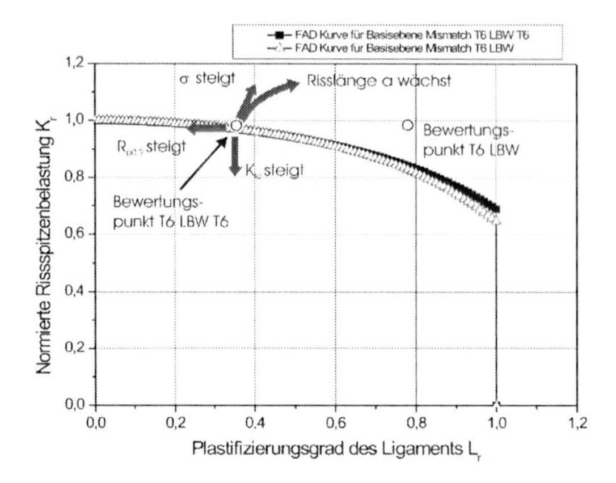

Bild 55 Bruchsicherheitsbewertung der Schweißverbindung im Zustand T6 LBW und T6 LBW T6 auf Basis der FAD

Das FAD-Diagramm wird unabhängig von der tatsächlichen Bauteilgröße entsprechend der Werkstoffdaten aufgestellt. Soll eine bruchmechanische Bewertung eines Bauteils vorgenommen werden, ist ein Bewertungspunkt (K_r; L_r) zu berechnen und in das Diagramm einzutragen. Dazu notwendig sind folgende Berechnungsvorschriften:

$$K_r = \frac{K_I}{K_{mat}}$$, wobei K_{mat} durch K_{Ic} ersetzt werden kann Gl. 8

Der Plastifizierungsgrad L_r wird wie folgt berechnet:

$$L_r = \frac{F}{F_{YM}}$$ $F = \sigma_{ref}$, Referenzspannung am Bauteil und $F_{YM} = \sigma_Y$ Fließgrenze Gl. 9

$$F_{YM} = M \cdot F_{YB}$$

Beide im Diagramm dargestellten Bewertungspunkte entsprechen dem Probenversagen im realen Experiment. Die mit Hilfe des „SINTAP"-Prozedur berechnete FAD-Kurve liegt unterhalb der Bewertungspunkte, wonach mit einem Versagen der Probe bei den angegebenen Werten zu rechnen ist. Somit ist anzunehmen, dass die „SINTAP"-Prozedur sich für die Abschätzung der Restfestigkeit von den vorliegenden Haut-Haut-Verbindungen im Zustand T6 LBW und T6 LBW T6 gut nutzen lässt. Die Berechnung erfolgte für eine konstante Risslänge und unter der Annahme, dass der Schweißnahtsockel als ebenes Blech idealisiert wird.

5.6 Weitere Bauweisen zur Verbesserung der Schadenstoleranz von Haut-Haut-Verbindungen

5.6.1 Differenziell aufgebauter Sockel

Eine weitere Möglichkeit, das Ermüdungsrissverhalten von Haut-Haut-Verbindungen zu beeinflussen, ist die Kombination aus Integral- und Differenzialbauweise. Dazu wird auf die Haut-Haut-Verbindung beidseitig ein Dopplerblech (6013 T6) aufgeklebt. Hergestellt wurden die Proben unter Produktionsbedingungen in der Elbe Flugzeugwerke GmbH Dresden. Dieser Prozess umfasst die vorherige Reinigung der Bleche durch eine Beizbehandlung, die Beschichtung der Oberfläche mittels geeigneter Primer sowie die Verwendung flugzeugtypischer Klebstoffe. Der Vorteil einer solchen, quasi differenziellen Bauweise ist die Absicherung der Schweißverbindung durch den Grundwerkstoff, der sonst bei einer Haut-Haut-Verbindung nicht beteiligt ist. Ein von außen in die Verbindung eingebrachter Schaden vergrößert sich nur dann in der Struktur, wenn sowohl das Schweißgut als auch das Dopplerblech durchtrennt werden. Befindet sich ein Riss nur im Schweißgut, findet eine Fixierung der Rissufer bedingt durch den aufgeklebten Doppler statt, wodurch deren Öffnungsbewegung eingeschränkt ist.

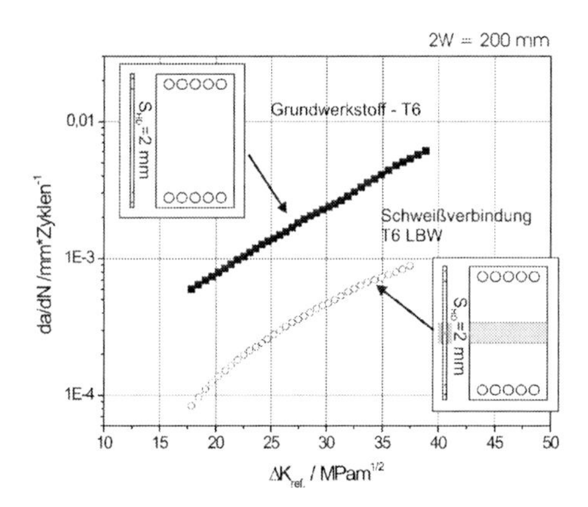

Bild 56 Einfluss von Dopplerblechen, die auf die Schweißverbindung geklebt sind, auf die Rissfortschrittsgeschwindigkeit im Schweißgut, Doppler entspricht Hautblechwerkstoff (6013 T6), Dopplerblechdicke ca. 1,6 mm

Wie im Bild 56 dargestellt, wird die Rissfortschrittsgeschwindigkeit durch die beidseitig aufgeklebten Bleche enorm eingeschränkt. Die doppelseitige Querschnittsvergrößerung trägt zu einer Reduzierung der Spannungsintensität an der Rissspitze bei.

Bei der Ausführung einer solchen Bauweise ist darauf zu achten, dass der aufgeklebte Doppler ausreichend breit ist, damit die Klebeverbindung die zu übertragende Belastung aufnehmen kann. Ist der geklebte Doppler zu schmal, kann die Hautspannung nicht gleichmäßig in diesen eingeleitet und verteilt werden, wodurch die Gefahr einer Relativbewegung zwischen Hautblech und Doppler besteht. Kommt es bei unzureichender Überlappbreite vorzeitig zur Zerstörung der Klebung wird der Doppler unwirksam, Bild 57. Ab diesem Zeitpunkt trägt der Doppler die Beanspruchung nicht mehr mit, es besteht die Gefahr eines sprunghaften Anstiegs der Rissausbreitungsgeschwindigkeit in der Schweißverbindung. Deshalb muss sichergestellt sein, dass die Breite der Dopplerbleche an die in der Struktur wirkende Beanspruchung angepasst ist. Einzige Einschränkung für den Einsatz einer solchen Bauweise ist der zusätzliche Fertigungsschritt, der die Herstellungskosten anhebt.

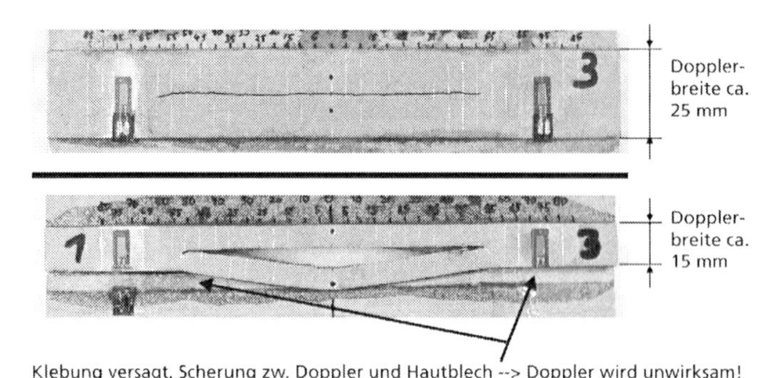

Bild 57 Versagensverhalten unterschiedlich breiter aufgeklebter Dopplerbleche; ausreichende Klebefläche Doppler bleibt über die Versuchsdauer intakt (oben); Klebung versagt (unten)

5.6.2 Kombination von Stringer-Haut-Verbindung und Haut-Haut-Verbindung

Aus den bisherigen Ergebnissen wurden Vorschläge für den Umgang mit dem Undermatching in geschweißten Flugzeugrumpfstrukturen erarbeitet. Da die laserstrahlgeschweißte Stringer-Haut-Verbindung bereits im Unterrumpf eingesetzt wird, stellt sich die Frage, inwieweit Verbesserungen auch für diese Verbindung aus den neuen Ergebnissen abgeleitet werden können. Ein Sockel ist bereits Bestandteil der Bauweise für laserstrahlgeschweißte Stringer-Haut-Verbindungen. Den Schweißnahtverlauf der Stringer-Haut-Verbindung zu ändern, erscheint aus fertigungstechnischen Gründen nicht sinnvoll.

Zu prüfen sind zunächst werkstofftechnische Aspekte, die aus den Ergebnissen der Haut-Haut-Verbindung abgeleitet werden können. In die folgenden Betrachtungen fließt die in Längsrichtung des Flugzeugrumpfes orientierte Stringer-Haut-Verbindung ein, die genau wie die Haut-Haut-Verbindung beansprucht ist. Im Unterschied zur Stringer-Haut-Verbindung, die üblicherweise im Zustand T4 LBW T6 eingesetzt wird, hat sich für die Haut-Haut-Verbindung der Zustand T6 LBW für einen möglichen Einsatz als sinnvoll erwiesen. Dies bestätigen die Ergebnisse der bisherigen Versuche. Aus diesem Grund soll für die Stringer-Haut-Verbindung geprüft werden, ob bereits ausgelagerte Bleche beziehungsweise Stringer genutzt werden können, um so die nachträgliche, kostenintensive Auslagerung des geschweißten Panels zu vermeiden. Auf den Einsatz einer Beulstütze während des Rissausbreitungsversuchs wurde verzichtet, da die Versuche vergleichenden Charakter haben. Auf dem Hautblech war ein für L-Stringer üblicher Sockel vorhanden (H_D=1,6 mm, S_D=2,6 mm, 2 S_{HB} = 13,4 mm). Der Startkerb lag in der Schweißnaht der Stringer-Haut-Verbindung vor.

Die Rissfortschrittskurven der Stringer-Haut-Verbindung im Zustand T4 LBW T6 und T6 LBW sind im Vergleich zum Grundwerkstoff in Bild 58 aufgetragen. In beiden Stringer-Haut-Verbindungen erfolgte der Rissfortschritt ausschließlich entlang der Schweißnaht. Aufgrund des Sockels liegen die Rissfortschrittskurven unter denen des Grundwerkstoffs, der im ebenen Zustand geprüft wurde. Wird die Stringer-Haut-Verbindung im Wärmebehandlungszustand T6 geschweißt, ergibt sich ein geringer Vorteil für die Rissfortschrittsrate gegenüber der Variante T4 LBW T6, Bild 58.

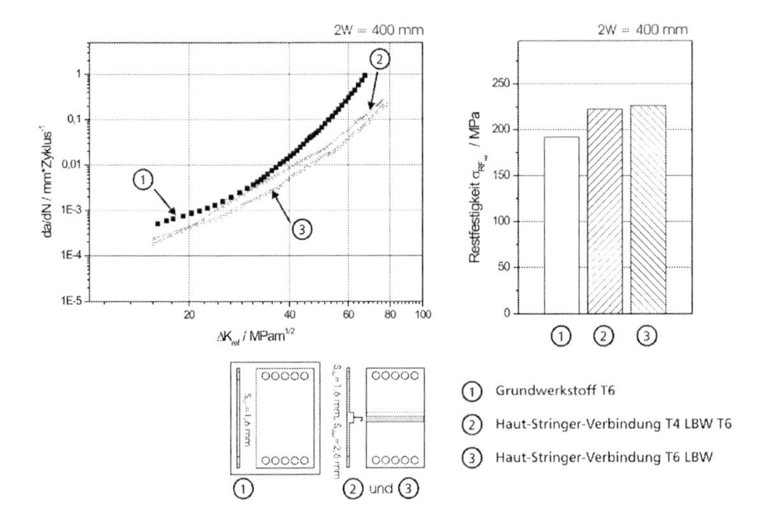

Bild 58 Vergleich der Rissausbreitungsgeschwindigkeit für unterschiedliche Wärmebehandlungszustände T4 LBW T6 und T6 LBW

Für die gleichen Auslagerungszustände wurde die Restfestigkeit bestimmt. Die Versuche zeigen einen leichten Vorteil für die Variante T6 LBW. Insbesondere gegenüber der ebenen Grundwerkstoffprobe liegt die Restfestigkeit, bedingt durch den Sockel für die Stringer-Haut-Verbindung, höher. Somit ist anzunehmen, dass aus Sicht der Schadenstoleranz die Variante T6 LBW für die Stringer-Haut-Verbindung durchaus gleichwertig gegenüber dem üblichen Wärmebehandlungszustand T4 LBW T6 ist und so ein Fertigungsvorteil realisiert werden könnte.

Ein anderer Ansatz zur Verbesserung der Schadenstoleranz von Integralschweißverbindungen ist die Erweiterung des Spektrums der Fügepositionen Stringer-Haut- und Haut-Haut-Verknüpfung, für den Flugzeugrumpf. Dabei sollen die Vorteile der Einzelverbindung genutzt und deren Nachteile abgemindert werden. Diese Kombination erscheint besonders dann sinnvoll, wenn der sogenannte Y-Stringer [58] Einsatz findet, Bild 59a. Dazu wurde zunächst ein Schweiß- beziehungsweise Strukturkonzept entwickelt, bei dem beide Schweißverbindungen integriert sind. Vorstellbar ist zum Beispiel die Verwendung kostengünstiger kleiner Blechformate. Diese werden durch Laserstrahlschweißen, ähnlich der im Automobil bekannten „tailored blank" Fertigung, allerdings in Blechstreifen gleicher Dicke miteinander verschweißt. Anschließend erfolgt die Fertigung der Stringer-Haut-Verbindung durch den Laserstrahlschweißprozess. Dabei ist darauf zu achten, dass die Trennebene der Blechstreifen mit der Position für den Stringer übereinstimmt. Wird nun ein Y-Stringer direkt über die Haut-Haut-Verbindung geschweißt, entsteht eine Integralschweißverbindung entsprechend Bild 59b.

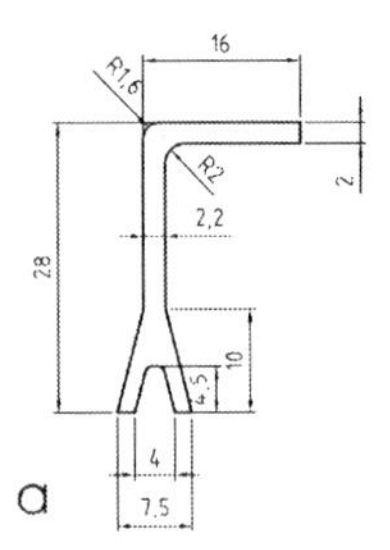

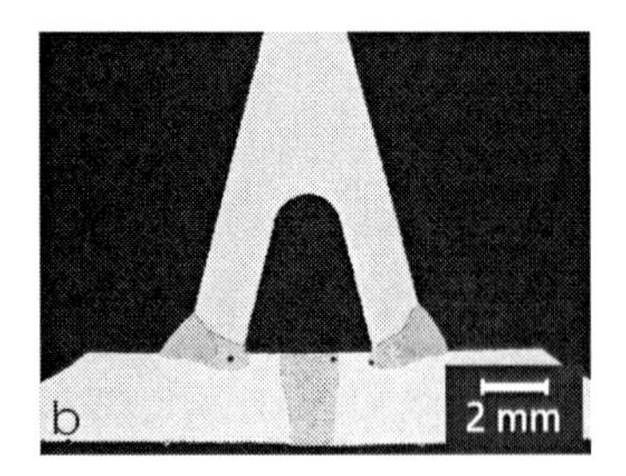

Bild 59 Y-Stringer (1. Generation), a) Skizze der geometrischen Größenverteilung; b) Querschliff einer Integralverbindung zwischen Haut-Haut-Schweißnaht und Stringer-Haut-Verbindung

Die Untersuchung der Schadenstoleranz bei angerissener Haut-Haut-Verbindung und intaktem Y-Stringer ist für den Rissfortschritt in Bild 60 zusammengefasst. Der Rissfortschritt für die Probe mit der Kombination beider Stoßgeometrien ist wesentlich langsamer als in der Haut-Haut-Verbindung mit Sockel und ohne Stringer. Durch die Stringerfüße wird ein neuer Lastpfad eröffnet, über den ein Teil der Hautspannung übertragen wird. Die Rissöffnung der Haut-Haut-Verbindung wird durch die Fixierung der Naht mittels des Stringers stark eingeschränkt. Zudem bewirkt die hohe Steifigkeit des Stringerfußes eine Behinderung in der Rissöffnung. Die Relativbewegung der Rissufer ist durch die Stringerfüße begrenzt.

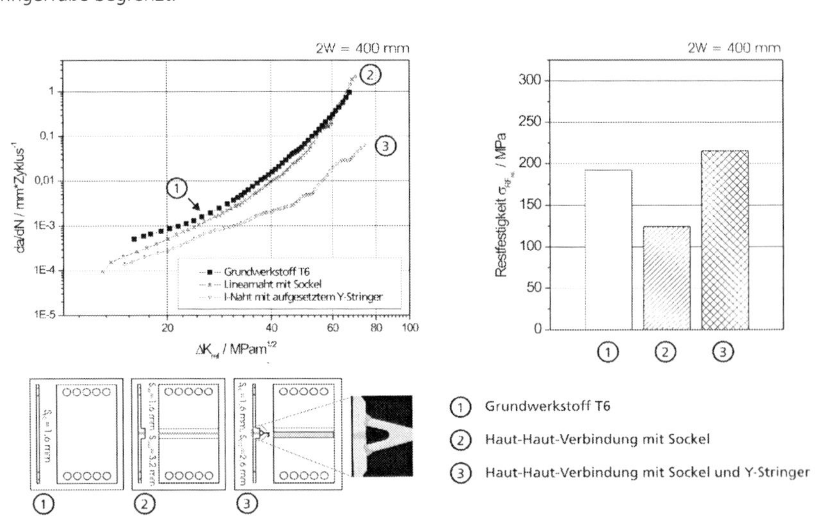

Bild 60 Nutzung eines Stringers mit geteiltem Fuß zur Verbesserung der Schadenstoleranz von Haut-Haut-Verbindungen; Startriss in der Schweißnaht der Haut-Haut-Verbindung

Der Riss verbleibt für die gesamte Prüfdauer in der Haut-Haut-Verbindung, da die Wirkung des Undermatching der Schweißnaht nicht geändert wird. Den Nachweis, dass ausschließlich das Undermatching rissbestimmend ist, erbringt die Vergleichsprobe, mit Startkerb zwischen den Stringerfüßen und ohne Haut-Haut-Verbindung. Bei diesem Versuch verlässt der Riss den Sockel in Richtung Hautblech.

Während der Versuche an Proben mit Y-Stringer bildet sich unabhängig davon, ob der Riss in der Schweißnaht oder im Grundwerkstoff startet ein Sekundärriss in einem der Y-Stringerfüße unterhalb des Knotenpunktes (Stringersteg und Stringerfuß). Als Ursache dafür kann die zunehmende Rissöffnung der Probe gesehen werden. Da dieser Schaden in einem deutlichen Abstand von dem Primärriss in der Haut-Haut-Verbindung auftritt, ist davon auszugehen, dass die Wirkung des Stringers im Bereich der Rissspitze (Primärriss) vorerst bestehen bleibt. Die Rissfortschrittskurve zeigt keinen sprunghaften Anstieg, der das beobachtete Verhalten dokumentieren würde. Das beobachtete Rissverhalten muss hinsichtlich der Vereinbarkeit mit den Bestimmungen des HSB [13] an größeren Proben geprüft werden, da Mehrfachrisse, die sich zu einem großen Riss verbinden können, nicht zulässig sind. Im betrachteten Fall ist der Sekundärriss die Folge des Primärrisses, somit besteht keine Gefahr einer Rissverlängerung.

Für die Restfestigkeit der Proben bewirkt der Y-Stringer auch eine Behinderung der Rissöffnung in der Haut-Haut-Verbindung. Wird die Schweißnaht zwischen den Stringerfüßen mit einem Startkerb versehen und im Versuch statisch belastet, steigt die Restfestigkeit auf das Niveau des Grundwerkstoffs beziehungsweise leicht darüber hinaus. Sie ist damit deutlich höher als bei der Haut-Haut-Verbindung ohne Y-Stringer. Der Riss verläuft weiterhin in der Schweißnaht. Die Rissöffnung wird auch unter diesen Bedingungen durch die Stringerfüße begrenzt. Durch den Gewaltbruch wird schließlich ein Stringerfuß aus der Verbindung herausgerissen.

Diese Kombination aus Haut-Haut- und Stringer-Haut-Verbindung würde aufgrund der guten Schadenstoleranz, die auf dem Niveau des Grundwerkstoffs liegt, vorteilhaft sein. Die Nutzung preiswerter Blechformate bietet einen Kostenvorteil. Beide Schweißverbindungen, Haut-Haut- und Stringer-Haut-Verbindung, könnten mit einem einzigen Schweiß- beziehungsweise Maschinenkonzept in unmittelbarer Abfolge gefertigt werden. Die integrale Bauweise würde durch diese Kombination eine neue Qualität erhalten, da völlig neue Baukonzepte vorstellbar sind, die übergreifend dazu beitragen, Gewicht und Kosten zu reduzieren. Insbesondere die neuen Stringergeometrien eröffnen interessante Möglichkeiten, die Belastbarkeit geschweißter Strukturen weiter zu erhöhen. Damit könnte die Konkurrenzfähigkeit gegenüber der faserverstärkten Bauweise erhöht werden und Vorteile für den Metallrumpf entstehen.

5.7 Betrachtungen zur Übertragbarkeit der Ergebnisse von Haut-Haut-Verbindungen auf die Rumpfstruktur und Chancen für die technische Anwendung

5.7.1 Skalierungsaspekte

Die Versuchsergebnisse zeigen, dass die Haut-Haut-Schweißverbindung eine hohe statische Tragfähigkeit besitzt. Die ermittelte Schwingfestigkeit der intakten Haut-Haut-Verbindung ist gegenüber dem Grundwerkstoff reduziert, für die im Flugzeugrumpf angenommene Hautspannung ist die Lebensdauer bis ca. 10^6 Zyklen ausreichend hoch. Beide Versuchsreihen wurden an Standardproben durchgeführt und es ist anzunehmen, dass für:

- die Schweißnahtqualität entsprechend der dargestellten Ergebnisse (Festigkeit T6 LBW, ausreichender Si-Gehalt, geringes Porenaufkommen usw.)
- eine intakte Schweißnaht (ohne künstlichen Riss) und
- eine Belastung senkrecht zur Haut-Haut-Verbindung

die Ergebnisse auf die Realstruktur übertragbar sind. Die Schadenstoleranz der Schweißverbindung ist aufgrund des Undermatching gesondert zu betrachten. Durch die Nutzung der vorgestellten Konzepte I und II ist eine Verbesserung der Belastbarkeit von Haut-Haut-Verbindungen zu erwarten. Bei den Rissfortschrittsversuchen konnte unter anderem gezeigt werden, dass bei Wahl eines geeigneten

Schweißnahtsockels die Nachteile der betrachteten Haut-Haut-Verbindung hinsichtlich des zyklischen Rissausbreitungsverhaltens gegenüber dem Grundwerkstoff weitgehend beseitigt werden können. Die Ergebnisse aus dem Rissfortschrittsversuch an 400 mm Proben - beziehungsweise zur Ermittlung der Restfestigkeit des Bauteils an 760 mm Proben - müssen hinsichtlich ihrer Übertragbarkeit auf größere Strukturen geprüft werden. Im Vergleich zum realen Flugzeugrumpf sind die erreichbaren Risslängen und die ermittelten Spannungsintensitäten für den Rissfortschrittsversuch der verwendeten Proben verhältnismäßig gering. Das heißt, bei den zyklischen Rissausbreitungsversuchen für Proben mit Haut-Haut-Verbindung im Schweißnahtsockel werden, bei einer Hautspannung von ca. 90 MPa, Risslängen von maximal 2a = 270 mm erreicht. Die zugehörigen ΔK_{ref}-Werte liegen bei maximal 81 $MPam^{1/2}$. Für einen möglichen Einsatz von Haut-Haut-Verbindung in der realen Struktur muss das Kriterium der „Large Damage Capability" (Fähigkeit lange Risse in einer Struktur zu tolerieren) erfüllt sein. Danach sollte bei Bruch eines Versteifungselements eine Rissausbreitung bis an die beiden benachbarten Versteifungselemente möglich sein, ohne dass eine für die Struktur kritische Risslänge erreicht wird. Im Falle der Haut-Haut-Verbindung in Längsrichtung würde dies dem doppelten Spantabstand ca. 42 inch beziehungsweise ca. 107 cm (gleichzusetzen mit 2a) entsprechen. In der Tabelle 25 sind die Ergebnisse aus dem Experiment mit den Gültigkeitsgrenzen der Linearelastischen Bruchmechanik (LEBM) verglichen, wodurch die Versagensursache der Proben abgeschätzt werden kann. Folgende Ursachen für das Probenversagen sind möglich:

- Probenbreite: die Probe versagt, wenn die Gültigkeitsgrenzen der LEBM erreicht sind
- Beulung: Probe versagt aufgrund der Beulung kurz bevor die Gültigkeitsgrenzen der LEBM erreicht sind
- Schweißnaht: die Probe versagt deutlich bevor die Grenzen der LEBM erreicht sind, vermutlich ist die plastische Zone im Schweißgut zu groß oder die Bruchzähigkeit der Schweißnaht ist erreicht

Tabelle 25 Abschätzung der Übertragbarkeit der Ergebnisse von Standardproben auf den Flugzeugrumpf; GW = Grundwerkstoff 1,6 mm dick; SN = Schweißnaht; Sockel: 15 mm breit, 1,6 mm Hautblechdicke, 3,2 mm Sockeldicke

		Experiment			Versagensursache	Gültigkeit LEBM		
DT Versuch	CCT-Probe	Probenbreite	$2a_{Bruch}$	$\Delta K_{ref,\,Bruch}$		$R_{p0,2}$	$2a_{zulässig}$	$\Delta K_{zulässig}$
		[mm]	[mm]	[$MPam^{1/2}$]		[MPa]	[mm]	[$MPam^{1/2}$]
Rissfortschritt**	Schweißnaht mit Sockel	400	270	81	Gültigkeit LEBM	138	270	81
	GW	400	265	80	Beulung*	305	282	85
			$2a_{Bruch}$	K_C			$2a_{zulässig}$	$K_{zulässig}$
Restfestigkeit***	Schweißnaht mit Sockel	760	251	97	Schweißnaht	138	400	140
	GW	760	250	140	Gültigkeit LEBM	305	240	141

*Grundwerkstoffprobe 1,6 mm ohne Beulstütze, Beulung während des Versuchs bewirkt vorzeitiges Versagen (Mode I und Mode III); ** Proben ohne Beulstütze geprüft; *** Proben mit Beulstütze geprüft

Für die experimentell durchgeführten Rissfortschrittsversuche wird das Versagen durch die Grenzen der Gültigkeit der LEBM (Probenbreite) und die Beulung der Proben (bedingt durch Probendicke)

bestimmt. Der Werkstoff ist demnach noch nicht an seinen bruchmechanischen Grenzen angelangt, eine Übertragung auf größere Proben sollte deshalb möglich sein.

An 760 mm breiten Proben zur Ermittlung der Restfestigkeit von Schweißverbindungen werden die Randbedingungen der LEBM eingehalten. Da die lasergeschweißte Haut-Haut-Verbindung versagt, bevor die Grenzen der LEBM erreicht sind, ist davon auszugehen, dass auch bei großen Strukturen ein zeitiges Versagen eintritt. Das Bauteilverhalten gekrümmter Haut-Haut-Verbindungen ist bereits im Versuch an 760 mm breiten Proben besser als von linear verlaufenden Schweißverbindungen. Die Restfestigkeit liegt auf dem Niveau des Grundwerkstoffs, da der Riss aus der Schweißnaht und dem Sockel heraus in den dünneren Grundwerkstoff übergeht.

Zu beachten ist, dass in der durchgeführten Beurteilung die Sockelprobe als ebenes Blech behandelt wurde. Für die Bewertung der Schweißnaht anhand der experimentelle Versuche müssen folgende Punkte berücksichtigt werden:

- heterogene Spannungsverteilung an der Rissspitze aufgrund des asymmetrischen Schweißnahtsockels
- Abhängigkeit des kritischen Spannungsintensitätsfaktors für den Mode I von der Bauteildicke, ebener Spannungszustand bei geringer Bauteildicke; ebener Dehnungszustand bei großer Bauteildicke

Für die Übertragung der Ergebnisse auf die reale Rumpfstruktur müssen weitere Einflussfaktoren, die auf das Strukturverhalten wirken, berücksichtigt werden. Dazu zählt unter anderem der Versteifungsgrad der Struktur. Da es sich bei dem Flugzeugrumpf um ein Bauteil handelt, von dem höchste Sicherheit erwartet wird, ist die weitere Prüfung an großen Proben unerlässlich. Erst dann kann die Frage, ob die untersuchten Schweißverbindungen sicher sind, abschließend beantwortet werden.

5.7.2 Fertigungstechnische Möglichkeiten für Schweißverbindungen im Flugzeugrumpf

Aktuell werden bei Airbus Längsversteifungen an sphärisch gekrümmten Bauteilen durch beidseitig-gleichzeitiges Laserstrahlschweißen mit der Außenhaut verbunden. Mit der Vision einer vollständig laserstrahlgeschweißten Integralstruktur, bei der neben der Stringer-Haut-Verbindung auch die Clip-Haut-Verbindungen und optional die Haut-Haut-Verbindung geschweißt sind, müssen neuartige Maschinenkonzepte bereitgestellt werden. Erstmals wurde im Fraunhofer IWS Dresden ein Prinzip für eine Laserstrahlschweißanlage realisiert, bei dem sowohl mit CO_2-Lasern als auch mit Festkörperlasern gearbeitet werden kann [139]. Das Grundprinzip der Anlage ist ein Gantryaufbau mit zwei unabhängig verfahrbaren Y-Brücken, an denen je zwei Z-Achsen mit 3D beweglichen Einheiten integriert sind. Diese tragen die beiden Schweißköpfe mit integrierten optischen Sensoren zur simultanen Erfassung der Fügeposition. An einer dritten Z-Achse ist eine Spanneinheit befestigt, die zur Positionierung des Versteifungselements dient. Die vierte Z-Achse nimmt eine mechanische Fräseinheit auf. Auch diese Achse ist in allen drei Raumrichtungen beweglich und trägt damit zum flexiblen Maschinenkonzept bei.

Zur Realisierung des Arbeitsbereichs von 1 m x 3 m x 10 m mit einer kompakten Anlage, die höchste Strahlqualität im gesamten Arbeitsraum für die CO_2-Laser garantiert, wurde ein hybrides Bewegungskonzept realisiert, welches eine sehr hohe Maschinendynamik ermöglicht. Dazu verfahren Laserstrahl und Bauteil in einer Relativbewegung zueinander, wobei entweder Maschinentisch und Gantrybrücken entgegengesetzt voneinander bewegt werden oder eine von beiden Komponenten ortsfest verbleibt und sich entweder die Gantrybrücken oder der Maschinentisch bewegen. Diese bewegungstechnischen Freiheitsgrade führen zu der Möglichkeit, im Verbund der zwei Schweißköpfe und der Spannvorrichtung nahezu jede 3D-Bewegung im Raum realisieren zu können. Notwendig für die Strahlführung ist die Nutzung von Strahlteleskopen, um die gleiche Qualität des Laserstrahls im gesamten Arbeitsraum zu gewährleisten.

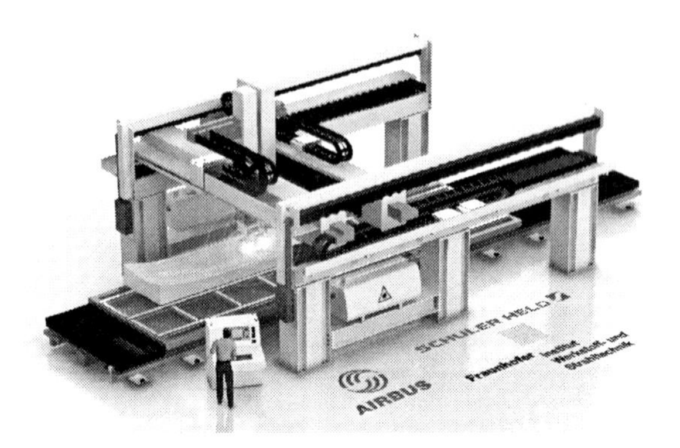

Bild 61 XXL-Schweißanlage mit zwei 4,5 kW CO_2-Lasern, Gantrybauweise mit 3 beziehungsweise 4 Z-Achsen

5.7.3 Gewichtsvorteil von Haut-Haut-Verbindungen im Vergleich zu genieteten Strukturen

Der Ausgangspunkt aller Entwicklungen, die den Flugzeugrumpf umfassen, ist es, Gewicht zu sparen. Gleichzeitig soll entweder das Strukturverhalten verbessert oder die Fertigung vereinfacht werden, um Kosten zu sparen. Das Potenzial, mit integralen Strukturen Gewicht zu sparen ist gegenüber der genieteten Bauweise enorm, das zeigt nicht zuletzt die Stringer-Haut-Verbindung. Ziel der Arbeit war es deshalb, nicht nur die Belastungstoleranz der Haut-Haut-Verbindung zu verbessern, sondern auch Bauweisen zu erarbeiten, die eine weitere Gewichtsersparnis möglich machen.

Zur Abschätzung des möglichen Gewichtsreduktionspotenzials diente eine herkömmliche Schale mit Längsnaht, wie sie im „widebody / longrange"-Bereich Verwendung findet. Das dort eingesetzte Bauprinzip ist eine 3-reihige Nietverbindung im Überlapp mit zwei Lagen. Angenommen wurde die Nutzung von Senknieten der [DIN 6101D6] für die Blechdicke von 1,8 mm. Unberücksichtigt bei der Masseberechnung bleibt der Anteil Dichtmasse beziehungsweise Kleber, der üblicherweise bei Nietverbindungen zum Einsatz kommt. Bei der Berechnung wird von einer Verbindungslänge von einem Meter und einer Überlappbreite von 66,5 mm ausgegangen. Materialverstärkungen oder der Einsatz einer anderen als der angegebenen Nietart, wie sie zum Beispiel im Bereich der Clip-Haut-Verbindung auftreten, wurden nicht mit in die Kalkulation einbezogen. Da die Haut-Haut-Verbindung nur lokal zu einer Veränderung der Bauweise führt und die restliche Struktur unverändert bleibt, bezieht sich der Vergleich ausschließlich auf den Bereich der Überlappverbindung bei der genieteten Variante und den Sockel bei der geschweißten Variante. Als Schweißnaht wird die Sinuskontur zugrunde gelegt und der bisher verwendete Sockel von 50 mm auf 60 mm Breite erhöht. Das Ergebnis der Masseberechnung ist in Tabelle 26 zusammengefasst.

Tabelle 26 Gewichtsvergleich zwischen genieteter und geschweißter Bauweise für die Haut-Haut-Verbindungen

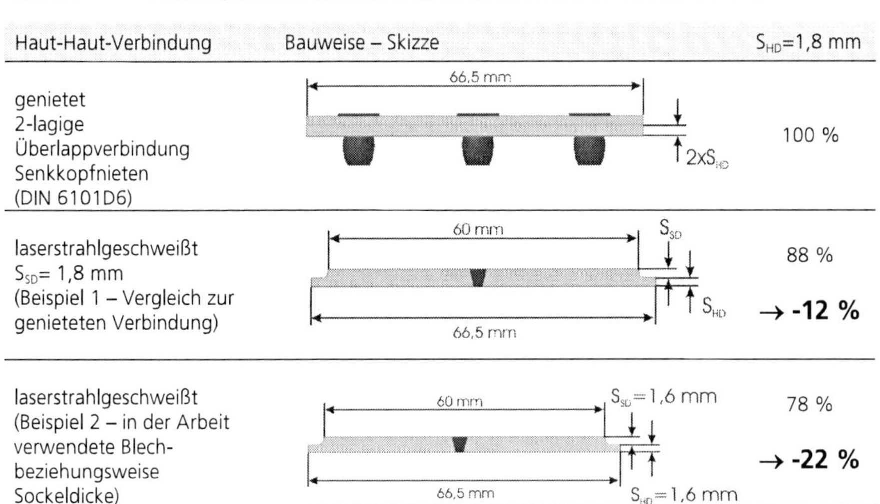

Haut-Haut-Verbindung	Bauweise – Skizze	S_{HD}=1,8 mm
genietet 2-lagige Überlappverbindung Senkkopfnieten (DIN 6101D6)	66,5 mm 2xS_{HD}	100 %
laserstrahlgeschweißt S_{SD}= 1,8 mm (Beispiel 1 – Vergleich zur genieteten Verbindung)	60 mm S_{SD} S_{HD} 66,5 mm	88 % **→ -12 %**
laserstrahlgeschweißt (Beispiel 2 – in der Arbeit verwendete Blech- beziehungsweise Sockeldicke)	60 mm S_{SD}=1,6 mm 66,5 mm S_{HD}=1,6 mm	78 % **→ -22 %**

Die Berechnung ergibt einen beträchtlichen Gewichtsvorteil für die laserstrahlgeschweißte Haut-Haut-Verbindung im Bereich des Sockels gegenüber der genieteten Bauweise. Dieser beträgt minimal 12 % (Beispiel 1). Wird die Sockel- beziehungsweise Blechdicke für die Berechnung verwendet, die in den Versuchen zur Sinusschweißnaht an 400 mm breiten Proben eingesetzt wurde, beträgt der Gewichtsvorteil maximal 22 %. Somit ist davon auszugehen, dass durch die Haut-Haut-Verbindung Gewicht gespart werden kann, obwohl die vorgeschlagene Sinusschweißnaht einen verhältnismäßig breiten Sockel erfordert. Falls notwendig, kann die vorgeschlagene Sockelgeometrie aufgedickt werden, um die Sicherheit der Verbindung weiter zu verbessern. Dieser Aspekt ist insbesondere für die Schadenstoleranz von Interesse, da eine weitere Spannungsreduzierung an der Rissspitze, infolge der möglichen Querschnittserhöhung, das Verhalten der Schweißverbindung zusätzlich verbessert. Erst wenn bei konstanter Hautdicke (1,8 mm, Beispiel 1) die Sockeldicke von 1,8 mm auf 2,2 mm angehoben wird, also das Ausgangsblech 4 mm dick ist, reduziert sich der Gewichtsvorteil auf 3,5 %. Die rechnerisch bestimmte Spannungsreduzierung an der Rissspitze im Bereich des Sockels kann in diesem Fall um weitere 5 % gesenkt werden.

5.7.4 Vergleich zu alternativen Schweißverfahren – FSW

Zum Fügen von Al-Blechen im Überlapp- oder Stumpfstoß ist mit dem Rührreibschweißen in den letzten Jahren ein alternatives und aus Sicht der erreichbaren mechanischen Eigenschaften der gefügten Bauteile äußerst interessantes Verfahren entstanden. Die Anwendung dieses Verfahrens ist für Aluminium deshalb interessant, da bei diesem Prozess die schmelzflüssige Phase vermieden wird und unterschiedliche Al-Legierungen miteinander verschweißt werden können. Da sich die in der Arbeit verfolgten Konzepte zur strukturmechanischen Optimierung der Haut-Haut-Verbindung auch auf das Rührreibschweißen übertragen lassen, wurden die Hauptexperimente, bei denen eine Verbesserung der Belastbarkeit von laserstrahlgeschweißten Haut-Haut-Verbindungen erzielt wurde, auch für die rührreibgeschweißten Verbindungen durchgeführt. Zunächst wurden identische Schweißnahtverläufe erzeugt. Dazu zählt die Linearnaht und die beiden Sinusschweißnähte mit λ=80 mm beziehungsweise λ=380 mm. Damit konnte primär gezeigt werden, dass es prinzipiell mit beiden Verfahren möglich ist, die vorgestellten Schweißnahtverläufe zu erzeugen. Die Sockelgeometrien wurden grundsätzlich genauso wie für die Laserstrahlschweißnähte verwendet, allein die Sockelbreite musste für die Linearschweißnaht um 10 mm auf 25 mm und für die Sinusschweißnähte um 15 mm auf 65 mm vergrößert werden. Dies wurde notwendig, da die FSW-Schweißnaht mit einer Breite von maximal 15 mm deutlich größer ausfällt als die insgesamt 6 mm breite Laserstrahlschweißnaht, Bild 62.

Bild 62 Querschliff einer Rührreibgeschweißten Haut-Haut-Verbindung der Legierung 6013

Beim Rührreibschweißen entsteht, unter Verwendung eines speziell geformten Werkzeuges, die Verbindung zwischen den Fügepartnern durch ein mechanisches "Verrühren". Dadurch erfährt das Gefüge eine thermomechanische Behandlung, was zu einer besonders guten Gefügequalität in der Schweißnaht beiträgt. Ein Erstarrungsgefüge wie es beim Laserstrahlschweißen auftritt wird vermieden, da die Prozesstemperatur unterhalb des Schmelzpunktes der verwendeten Legierung bleibt. Diese Eigenschaft erweist sich als vorteilhaft bei der Verarbeitung von Al-Legierungen unterschiedlicher Zusammensetzung, da zum Beispiel Heißrisse nicht zu erwarten sind. Weiterhin werden die mechanischen Eigenschaften der Schweißverbindung nicht so stark abgemindert wie bei der Laserstrahlschweißverbindung.

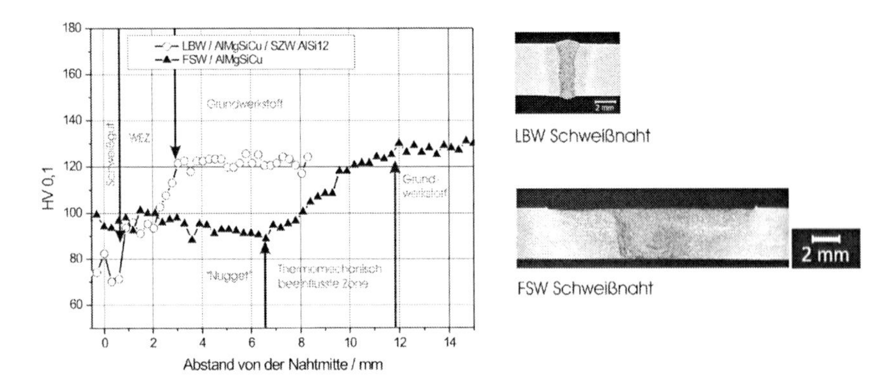

Bild 63 Vergleich des Härteverlaufs über der Schweißverbindung von einer laserstrahlgeschweißten und einer rührreibgeschweißten Haut-Haut-Verbindung

Den Einfluss des Verfahrens auf die Eigenschaften der Schweißverbindung belegt die Mikrohärte über den Schweißquerschnitt, Bild 63. Sie ist in der Fügezone geringer als im Grundwerkstoff und bleibt im Vergleich zur laserstrahlgeschweißten Verbindung über einen größeren Bereich reduziert, fällt aber nicht auf die sehr niedrigen Mikrohärtewerte im Schweißgut der Laserstrahlschweißung. Das heißt, auch bei der rührreibgeschweißten Haut-Haut-Verbindung ist mit einem Undermatching zu rechnen. Im Bild 64 sind die Rissfortschrittskurven sowohl für eine rührreibgeschweißte als auch für eine laserstrahlgeschweißte Haut-Haut-Verbindung gegenübergestellt. Die rührreibgeschweißte Verbindung ist wesentlich besser geeignet dem Rissfortschritt entgegen zu wirken als die schnell erstarrte, gussähnliche Struktur der mit dem Laser geschweißten Naht. Dementsprechend ist der zyklische Rissfortschritt in der rührreibgeschweißten Haut-Haut-Verbindung deutlich geringer als in der laserstrahlgeschweißten Verbindung. Die Kurve für die rührreibgeschweißte Haut-Haut-Verbindung zeigt zwei Bereiche mit unterschiedlichem Anstieg. Im Rissfortschrittsversuch wurde der Startkerb in die Sockelmitte gelegt, dass heißt im „Nugget" der rührreibgeschweißten Verbindung. In diesem Bereich verläuft der Rissfortschritt wesentlich langsamer als in den benachbarten Gefügebereichen TMAZ und HAZ, in die der Riss bei einer Spannungsintensität von ca. 50 MPa auswandert. Ursache dafür ist das anisotrope Gefüge in diesen Bereichen, welches verfahrensbedingt vorliegt. Die Rotationsbewegung des Werkzeugs erzeugt eine Vorzugsrichtung im Gefüge.

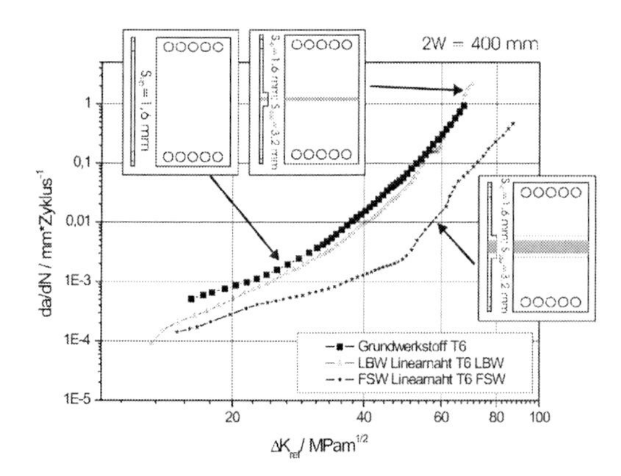

Bild 64 Einfluss des Schweißverfahrens auf die Rissausbreitung im Vergleich zum Grundwerkstoff

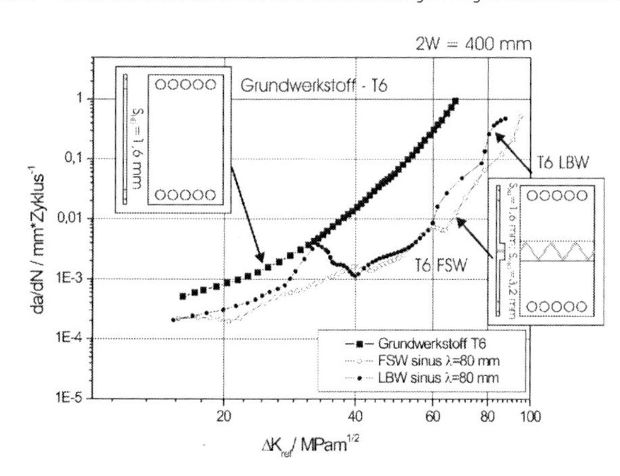

Bild 65 Vergleich der Rissausbreitungsgeschwindigkeit für die Sinusschweißnaht mit kurzer Wellenlänge λ_{SIN} =80 mm für die Verfahren LBW und FSW im Vergleich zum Grundwerkstoff

Bei beiden linear ausgefertigten Schweißnähten verbleibt der Riss in der Schweißnaht. Somit ist davon auszugehen, dass der Rissverlauf auch bei der rührreibgeschweißten Verbindung vom Undermatching bestimmt wird. Am Beispiel der Sinusschweißnaht mit kurzer Wellenlänge wurde ein Vergleich zwischen beiden Schweißverfahren bezüglich der Verbesserung ihres Schadenstoleranzverhaltens gezogen, Bild 65.

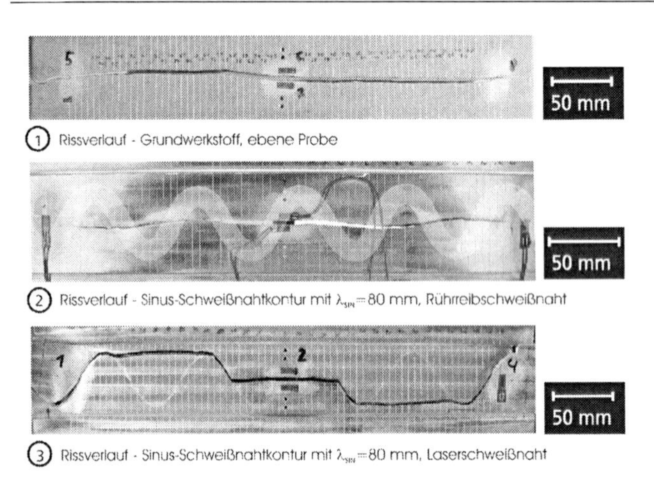

Bild 66 Rissverlauf an zyklisch ermüdeten Proben aus Grundwerkstoff und Proben, die mit unterschiedlichen Verfahren geschweißt wurden

Der Ermüdungsrissfortschritt in der laserstrahlgeschweißten Sinus-Naht mit Sockel erfolgt bei einer solchen Kontur nicht mehr ausschließlich im Schweißgut, sondern sowohl im Grundwerkstoff als auch der Schweißnaht. Infolge dessen verringert sich die Rissfortschrittsgeschwindigkeit gegenüber dem ebenen Grundwerkstoff ohne Sockel deutlich. Eine Ausnahme von diesem Verhalten ist bei den untersuchten Proben am ersten Schnittpunkt des Risses mit der Schweißnaht zu beobachten (siehe Bild 66, 3). Dieser Bereich entspricht in der Rissfortschrittskurve bei einem Spannungsintensitätsfaktor zwischen 30 und 40 $MPam^{1/2}$. Der Riss tritt in die Schweißnaht über und verläuft ausschließlich darin, wodurch die Rissfortschrittsgeschwindigkeit stark ansteigt. Das Niveau des Grundwerkstoffs wird, bedingt durch den Schweißnahtsockel, nicht überschritten. Der Risspfad liegt in der Schweißnaht, bis der nächste Wellenbogen, an dem sich die Orientierung der Nahtkontur ändert, erreicht ist. In diesem Gebiet verlässt der Riss die Schweißnaht über die Wärmeeinflusszone in den Grundwerkstoff, wodurch sich die Rissfortschrittsgeschwindigkeit deutlich verringert. Dieses Verhalten findet bei der rührreibgeschweißten Verbindung insofern statt, dass der Riss sowohl durch die Schweißnaht als auch durch den Grundwerkstoff verläuft, jedoch nicht temporär der Schweißnaht folgt. Vorteilhaft an der Sinuskontur für die rührreibgeschweißte Haut-Haut-Verbindung ist, dass der Risspfad nicht ausschließlich in den Gefügebereichen mit erhöhter Rissfortschrittsgeschwindigkeit (zwischen der thermomechanisch beeinflussten Zone und HAZ) verläuft. Der Effekt des Undermatching der Schweißverbindung auf die Schadenstoleranz wird dadurch reduziert.

Neben der zyklischen Rissausbreitung wurde auch die statische Festigkeit der angerissenen Struktur für die Schweißverbindungen beider Verfahren untersucht. Dazu wurden die Proben in der Schweißnahtmitte gekerbt und statisch belastet. Die laserstrahlgeschweißte Verbindung mit geradlinig verlaufender Naht erträgt unter diesen Versuchsparametern lediglich ca. 70 % der Belastung des Grundwerkstoffs obwohl die Schweißnaht bereits in einen Sockel eingebettet ist. Bereits nach kurzem Rissfortschritt versagt die Probe schlagartig. Die rührreibgeschweißte Probe besitzt eine wesentlich bessere Restfestigkeit. Mit dem verwendeten breiteren Sockel erreicht die Schweißverbindung sogar einen höheren Wert als die Proben des Grundwerkstoffs ohne Sockel. Somit kann geschlussfolgert werden, dass die Sinusschweißnaht mit Sockel auch unter statischer Belastung unabhängig vom Herstellungsverfahren das Niveau des Grundwerkstoffs ohne Sockel erreichen kann. Das Zusammenspiel aus Sockelgeometrie und Schweißnahtverlauf erlaubt folglich eine Verbesserung der Schadenstoleranz.

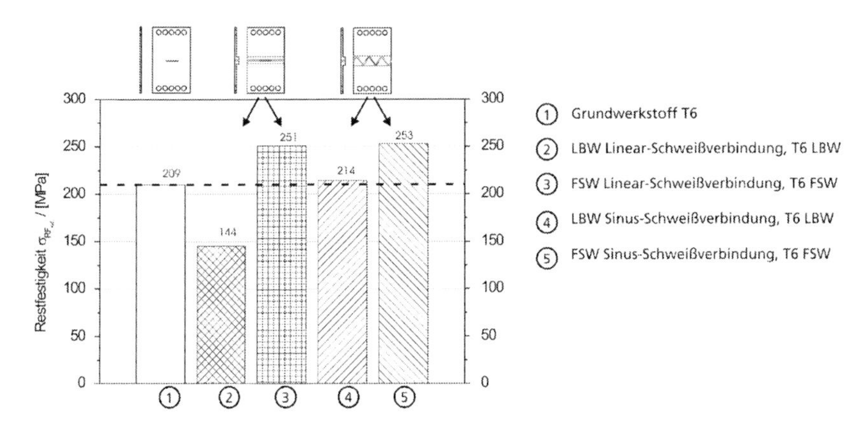

Bild 67 Vergleich der Restfestigkeit für die Schweißverfahren FSW und LBW in Abhängigkeit von dem Schweißnahtverlauf im Vergleich zum Grundwerkstoff, (Sinusschweißnaht mit einer Wellenlänge von λ_{SIN} = 80 mm), Sockelmaße: $2S_{HB}$: 15 mm für LBW Linearnaht; 25 mm für FSW Linearnaht; 50 mm für LBW Sinusnahtverlauf, 65 mm für FSW Sinusnahtverlauf

Die in der Arbeit entwickelten strukturmechanischen Konzepte zur Verbesserung der Schadenstoleranz sind somit auch auf die FSW-Schweißverbindung übertragbar. Speziell die Kombination aus Schweißnahtsockel und Schweißnahtverlauf trägt zur Entlastung der Schweißverbindung bei. Es werden alle an der Schweißnaht beteiligten Gefügebereiche in den Risspfad einbezogen, wodurch die Wirkung des Undermatching in der Schweißnaht abgemindert wird.

5.7.5 Fertigungstechnische Aspekte

Wie jede industrielle Anwendung unterliegt auch der Flugzeugbau mehr und mehr einem steigenden Kostendruck. Jedem Fertigungsabschnitt lässt sich eine Taktzeit zuordnen, die über die Wirtschaftlichkeit und Effizienz des verwendeten Verfahrens Auskunft gibt. In der Fügetechnik wird oft die Vorschubgeschwindigkeit (m/min) des Prozesses als Kriterium für dessen Produktivität herangezogen. Im Vergleich zum klassischen Nietverfahren sind sowohl das Laserstrahlschweißen als auch der Rührreibprozess deutlich schneller, im Fall des Laserstrahlschweißens erreichen sie eine bis zu zehn Mal höhere Prozessgeschwindigkeit. Der Vorteil des Nietens besteht einerseits in der Möglichkeit, Kombinationen nicht schweißbarer Werkstoffe miteinander verbinden zu können. Überlappverbindungen bieten zudem die Chance Fertigungstoleranzen auszugleichen. Die technische Herausforderung, insbesondere beim LBW liegt in der Reduzierung der zulässigen Toleranzen und in der Integration neuer Spannkonzepte in der Rumpffertigung. Obwohl Überlappverbindungen mit den effizienteren Fügeverfahren LBW und FSW erzeugt werden können, wäre dieser Verbindungstyp der Stumpfstoßverbindung hinsichtlich der mechanischen Eigenschaften insbesondere unter Zugbelastung und bei Ermüdung unterlegen. Ein Weg, die Fertigungstoleranzen bei der Haut-Haut-Verbindung auszugleichen, eröffnet sich durch mechanisches Befräsen der Fügekanten. Dies wäre bei Verwendung der Sinus-Schweißnaht ohnehin notwendig und bietet den Vorteil, bauteilbezogene Anpassungen individuell vornehmen zu können. Nachdem die erste Fügekante ihre Kontur erhalten hat, könnte im Kopierschnitt die zweite Seite bearbeitet werden. Konzepte für die maschinenseitige Umsetzung sind bereits erarbeitet und in Abschnitt 5.7.2 vorgestellt. Sie beinhalten die notwendige Sensorik, mit der eine Nahtverfolgung ermöglicht wird und helfen so, verbleibende Toleranzen prozesstechnisch abzufangen.

5.8 Anwendungspotenziale von Laserstrahlschweißverbindungen im Flugzeugrumpf

In den Abschnitten zuvor wurden Einzelaspekte für eine mögliche Übertragbarkeit der entwickelten Lösungen auf bestehende Bauweisen, wie der Stringer-Haut-Verbindung sowie auf große Rumpfstrukturen geprüft und Empfehlungen gegeben. Sowohl für die Haut-Haut- als auch für die Stringer-Haut-Verbindung sind einzelne Parameter und deren Einfluss auf die Eigenschaften tabellarisch abgeschätzt, siehe Tabelle 27. Für die Erweiterung des Laserstrahlschweißens im Flugzeugrumpf scheint die bereits eingesetzte T-Stoßverbindung (Stringer-, Clip-Haut) mit dem größten Anwendungspotenzial ausgestattet zu sein. Wesentliche Vorteile dieser Bauweise sind der überschaubare Aufwand für die Übertragung der Technologie auf bestehende Nietkonstruktionen, eine einfache Erweiterung der geometrischen Varianz von Stringerprofilen sowie der Einsatz neuer Werkstoffe. Damit verbunden wäre die Möglichkeit, die lasergeschweißte T-Stoß-Verbindung mit einer höheren Belastbarkeit auszustatten, ohne das Strukturgewicht anheben zu müssen. Für die Haut-Haut-Verbindung sind, wie in der Arbeit dargestellt, sehr gute Chancen für den Einsatz im Flugzeugrumpf geschaffen worden, das Anwendungspotenzial ist dementsprechend hoch. Somit wäre die Möglichkeit gegeben, die LBW Technologie für Haut-Haut-Verbindungen als Heftverfahren einzusetzen bevor mit dem FSW Verfahren die Schweißverbindung ausgeführt wird. Zukünftige Anwendungen könnten von dem Einsatz neuer hochfester Aluminiumwerkstoffe profitieren deren Festigkeits-Undermatching gering oder nicht mehr vorhanden ist. Zu nennen sind naturharte Legierungen mit Magnesium und Scandium. Ein weiteres Anwendungspotenzial von Haut-Haut-Verbindungen liegt in stark aufgedickten Strukturbereichen wie sie in Türen oder Klappen beziehungsweise den dafür notwendigen Rahmen vorkommen. Die Schweißnähte könnten in Bereiche gelegt werden, die parallel zur Belastung orientiert sind, so dass im Schädigungsfall eine Rissöffnung vermieden wird. Teure einteilig gefertigte Konstruktionen könnten durch modular aufgebaute Komponenten ersetzt und durch das Laserstrahlschweißen miteinander verbunden werden. In diesem Fall ist von einem Synergieeffekt der Modularbauweise auszugehen, da die Nutzbarkeit auf verschiedene Flugzeugrümpfe übertragen werden könnte, wodurch eine Kostenersparnis zu erwarten ist.

Tabelle 27 Abschätzung des Anwendungspotenzials für Haut-Haut- und Stringer-Haut-Verbindungen in zukünftigen Anwendungen im Flugzeugrumpf

Anwendungspotenzial im Flugzeugrumpf		
Verbindungstyp	Faktoren	Auswirkung für den Einsatz im Flugzeugrumpf
Haut-Haut-Verbindung	LBW Technologie	
	• großes Parameterfenster	++
	• hohe Nahtqualität (poren- und rissfrei)	++
	Aushärtungs-Strategie	
	• Laserstrahlschweißen in T3 oder T4 + WB	o
	• Schweißen in T6 oder T8 (ohne nachträgliche WB)	+
	Sockelgeometrie	
	• angepasste Sockelhöhe	++
	• angepasste Sockelbreite	+
	angepasstes Schweißnahtdesign (Schweißnahtverlauf, Lage in der Struktur)	+
	Festigkeit der Verbindung	
	• mit Undermatching (z.B. AlMgSi, AlLi)	(o)
	• ohne Undermatching (z.B. AlMgSc)	++
Stringer-Haut-Verbindung	LBW Technologie	
	• großes Parameterfenster	++
	• hohe Nahtqualität (poren- und rissfrei)	++
	Aushärtungs-Strategie	
	• Laserstrahlschweißen in T3 oder T4 + WB	+
	• Schweißen in T6 oder T8 (ohne nachträgliche WB)	+
	Übertragbarkeit auf bestehende Strukturen	++
	Festigkeit der Verbindung	
	• mit Undermatching (z.B. AlMgSi, AlLi)	(o)
	• ohne Undermatching (z.B. AlMgSc)	++

(o) schlecht (Einzelfallprüfung notwendig); o mittel; + gute; ++ sehr gut

6 Zusammenfassende Diskussion

Der Flugzeugrumpf gehört zu den anspruchvollsten Konstruktionen für die Bauteil- und Werkstoffprüfung. An ihn werden sehr komplexe Anforderungen in Bezug auf die statische Belastbarkeit, die Ermüdungsfestigkeit und die Schadenstoleranz gestellt. Darüber hinaus sind schlagartige Belastungen zu ertragen und Tests gegen Crash zu bestehen. Neu ist die Prüfung der elektrischen Leitfähigkeit und die Bewertung der Schallisolation. Erforderlich für diese Prüfungen ist eine Versuchshierarchie, beginnend mit kleinen Proben bis hin zum „Full-Scale"-Test. Erst wenn im Rahmen dieser Versuche abzusehen ist, dass ein neuer Fertigungsprozess oder eine verbesserte Struktur die Anforderungen an den Flugzeugrumpf erfüllen werden, wird ein vollständiger Flugzeugrumpf aufgebaut und geprüft.

In der Arbeit werden Ergebnisse vorgestellt, die ausschließlich an Proben des schweißgeeigneten Werkstoffs 6013 im Zustand T6 erarbeitet wurden. Für die CO_2-laserstrahlgeschweißte Haut-Haut-Verbindung zeigt sich, dass eine gute Nahtvorbereitung mit robusten Schweißparametern zu einem stabilen, reproduzierbaren Schweißprozess führt. Somit lassen sich auch schwierige Konturen, wie die untersuchten gekrümmten Nahtverläufe mit einer guten Schweißnahtqualität erzeugen. Die erhaltenen Schweißverbindungen wurden auf ihre statische Belastbarkeit, die Schwingfestigkeit und ihre Schadenstoleranz untersucht, die Bewertung erfolgte mit verschiedenen Prüfmethoden und Probengeometrien. Unterschieden werden in der Arbeit zwei Festigkeitszustände nach dem Schweißen: der Zustand wie geschweißt (T6 LBW), das heißt ohne anschließende Wärmebehandlung und der ausgelagerte Zustand T6 LBW T6, bei dem die Schweißnaht einer Wärmebehandlung ausgesetzt wird.

Generell ist festzustellen, dass die Schweißverbindungen der aushärtbaren Al-Legierung 6013 eine im Vergleich zum Grundwerkstoff geringere Festigkeit besitzen. Die 0,2%-Dehngrenze von Proben, bei denen die Schweißnaht beidseitig abgearbeitet war, lag bei 81 % im Vergleich zum Grundwerkstoff. Die Verbindungsfestigkeit kann durch Wärmebehandlung oder Kaltverformung der Schweißnaht erhöht werden. Das Probenversagen erfolgt üblicherweise durch einen verformungsarmen Bruch im Schweißgut. Einen weiteren Einfluss auf die Verbindungsfestigkeit hat die geometrische Form der Schweißnaht. Je schmaler diese ausgeführt ist, desto höher ist die Festigkeit und desto geringer die Bruchdehnung der Verbindung. Dieser Zusammenhang hat großen Einfluss auf die Wahl des verwendeten Schweißverfahrens, da heute Strahlquellen zur Verfügung stehen, mit denen extrem schlanke Schweißnähte erzeugt werden können. Insbesondere Faser- oder Scheibenlaser bieten sich für Schweißverbindungen mit extrem hohem Aspektverhältnis an.

Zur vollständigen Charakterisierung einer Schweißnaht ist eine Beschreibung aller beteiligten Gefügebereiche notwendig. Dies ist unter anderem auch deshalb erforderlich, um lokale Kennwerte zum Beispiel für numerische Simulation bereitzustellen. Zusammengesetzt ist die untersuchte Haut-Haut-Verbindung aus dem Grundwerkstoff, der Wärmeeinflusszone, der Schmelzlinie und dem schnellerstarrten Schweißgut. Durch eine Mikrohärtemessung nach Vickers ließen sich lokale Festigkeitsunterschiede entlang der Schweißnaht erfassen. Die Schmelzlinie stellt im Vergleich zum Grundwerkstoff den Bereich mit der geringsten Mikrohärte dar, gefolgt vom Schweißgut und der Wärmeeinflusszone. Bestätigt wird diese Abstufung durch die Messung der lokalen Festigkeit der Gefügebereiche Schweißgut, Wärmeeinflusszone und Grundwerkstoff an Minizugproben. Neben einer beachtlichen Festigkeit zeigt das Schweißgut eine durchaus hohe Bruchdehnung von ca. 8 %. Zur Einordnung der zwischen Schweißgut und Wärmeeinflusszone befindlichen flächig ausgebildeten Schmelzlinie in das Eigenschaftsprofil der Schweißverbindung wurde der Scherversuch durchgeführt. Die Analyse der Bruchflächen zeigt, dass Proben die vollständig entlang der Schmelzlinie versagt haben, tendenziell eine geringere Scherfestigkeit aufweisen als Proben deren Scherebene vollständig im Schweißgut liegt. Somit bestätigt sich, dass die im Härteverlauf ermittelte geringe Mirkohärte der Schmelzlinie auch die niedrigsten mechanischen Eigenschaften der Gefügebereiche innerhalb einer Schweißnaht aufweist.

Die Schwingfestigkeit der laserstrahlgeschweißten Haut-Haut-Verbindungen mit Undermatching liegt bei einer Oberspannung von 110 MPa und einem Spannungsverhältnis von R = 0,1 zwischen $8 \cdot 10^5$ für eine kaltverfestigte Schweißnaht und bei $1{,}7 \cdot 10^6$ für die überschliffene Verbindung. Die Kerbempfindlichkeit des Schweißgutes ist mit 0,26 geringer als die des Grundwerkstoffs. Eine intakte unbearbeitete Haut-Haut-Verbindung verfügt über eine Lebensdauer von ca. 10^6 Schwingspielen und erreicht damit eine für die Flugzeugauslegung typische Lebensdauer.

Die Herausforderung bei der zyklischen Rissausbreitung im Schweißgut bestand unter anderem darin, einen geeigneten Wärmebehandlungszustand zu finden, in dem die Schweißverbindung einen möglichst hohen Risswiderstand aufweist. Dies ist der Fall, wenn nach dem Laserschweißen keine Wärmebehandlung der Schweißnaht erfolgt. Die im Zustand T6 LBW geprüfte Verbindung weist eine geringere Rissausbreitungsgeschwindigkeit auf als die der Variante T6 LBW T6. Somit ist anzunehmen, dass die Zähigkeit des Schweißgutes beziehungsweise die Ausbildung der plastischen Zone im Schweißgut die Rissausbreitung stark beeinflusst. Untersucht wurde auch, ob es einen Einfluss des Aspektverhältnisses (Breite der Schweißzone zur Blechdicke) auf die Rissausbreitung der Haut-Haut-Verbindung gibt. Eine solche Abhängigkeit wurde im Rahmen der durchgeführten Versuche nicht beobachtet. Die räumliche Ausbreitung der plastischen Zone wird bei den untersuchten Aspektverhältnissen bereits bei geringen Spannungsintensitätsfaktoren durch den Festigkeitssprung zwischen Schweißgut und Wärmeeinflusszone behindert.

Bewertet wurde auch der Einfluss unterschiedlicher Einschweißtiefen im Prüfquerschnitt auf den Verlauf eines Risses in der Probe. Bei einer geschweißten Haut-Haut-Verbindung markiert die Schweißnaht den Risspfad. Mit zunehmendem Grundwerkstoffanteil im Prüfquerschnitt ändert sich das Rissfortschrittsverhalten. Beträgt der Schweißgutanteil nur ca. 16 % im Querschnitt wandert der Riss aus dem Bereich der Naht durch den Sockel in das dünnere Hautblech aus. Dieses Verhalten ist zu vergleichen mit dem des unbeeinflussten Grundwerkstoffs. Der Riss verbleibt in der Schweißnaht wenn diese ca. 30 % Anteil am Prüfquerschnitt aufweist. Das heißt, ein Auswandern des Risses aus der eingeschweißten Verbindung ist erst bei mindestens 70 % Grundwerkstoff im Prüfquerschnitt zu erwarten.

Darüber hinaus wird in der Arbeit die Anwendbarkeit der Ergebnisse von Haut-Haut- auch für Stringer-Haut-Verbindungen, insbesondere für werkstofftechnische Aspekte, untersucht. Für die so genannten T-Stoßverbindungen wurde zunächst die Wärmebehandlungsstrategie bewertet. Dabei wurde gefunden, dass die Schadenstoleranz der im ausgelagerten Zustand geschweißten Probe mit der in T4 geschweißten und nachträglich ausgelagert Probe vergleichbar ist. Daraus könnte eine Verkürzung der Fertigungskette resultieren, wenn die Hautbleche bereits im Zustand T6 verschweißt werden. Zu berücksichtigen ist, dass die Untersuchungen für die Stringer-Haut-Verbindung bezogen auf den unteren Rumpfbereich durchgeführt wurden. Dieser ist statisch sehr hoch belastet und erfordert eine hohe Festigkeit des eingesetzten Werkstoffs. Insbesondere beim Landestoß muss ein ausreichender Widerstand gegen Beulung vorhanden sein. Um diesen statischen Anforderung gerecht zu werden, sollte die Schweißverbindung im ausgelagerten Zustand eingesetzt werden.

Um eine hohe Schadenstoleranz von Schweißverbindungen zu gewährleisten, wurden in der Arbeit für Haut-Haut-Verbindungen zwei Konzepte entwickelt: der „angepasste Schweißnahtsockel" und der „gekrümmte Schweißnahtverlauf". Die Spannungsintensität an der Rissspitze kann durch einen auf das Undermatching angepassten Schweißnahtsockel soweit abgemindert werden, dass die Rissfortschrittsgeschwindigkeit geringer ist als beim ebenen Grundwerkstoff. Wird ein gekrümmter Schweißnahtverlauf hergestellt, gelingt es, den Riss aus der Schweißnaht heraus in die Gefügebereiche Wärmeeinflusszone und Grundwerkstoff zu lenken. Für die praktische Anwendung im Flugzeugrumpf werden in der Arbeit zwei experimentell ermittelte Schätzformeln angegeben mit denen innerhalb bestimmter Randbedingungen geeignete Sockelabmessungen abgeleitet werden können.

Anhand der experimentellen Ergebnisse, die an Proben mit und ohne Sockel beziehungsweise mit und ohne Schweißnaht bestimmt wurden, lässt sich spannungs- und werkstoffspezifisch abschätzen, welche Wirkung der Schweißnahtsockel beziehungsweise die Schweißnaht auf die Rissfortschrittsgeschwindigkeit im Prüfling hat. Der am Grundwerkstoff ermittelte „Sockeleffekt" wurde auf die Schweißverbindung überlagert, um aus den experimentellen Daten einer ebenen Probe mit Schweißnaht die Rissfortschrittskurve einer geschweißten Probe mit Sockel abzuschätzen. Der Vergleich zwischen der errechneten und einer experimentell ermittelten Kurve einer Probe mit Schweißnaht und Sockel zeigt eine niedrigere Rissfortschrittsgeschwindigkeit der berechneten Kurve. Somit ist bei gleichen Prüfbedingungen eine Übertragung des Sockeleffekts, gemessen am Grundwerkstoff, auf die Schweißverbindung nicht zu empfehlen. Es bedarf der Optimierung, um für andere Sockel- und Nahtgeometrien den Versuchsumfang zu reduzieren. Werden diese Zusammenhänge bei numerischen Berechnungen mit berücksichtigt, besteht die Chance, aufgrund der erhöhten Datenbasis das Ergebnis des FE-Modells zu verbessern und somit Rissfortschrittskurven genauer abschätzen zu können.

Mit den Versuchen zur Bestimmung der Restfestigkeit sollte geprüft werden, ob eine durch einen Riss vorgeschädigte Schweißverbindung unter statischen Bedingungen eine ausreichend hohe Belastung erträgt bevor sie versagt. Die untersuchte Linearschweißnaht mit Sockel zeigt eine angemessene Restfestigkeit, das Niveau des Grundwerkstoffs liegt jedoch ca. 30 % höher. Das Versagen findet entlang der Schweißnaht statt, die Gefügebereiche Grundwerkstoff und Wärmeeinflusszone sind nicht in den Risspfad involviert. Wird bei gleicher Sockelhöhe statt eines linearen ein gekrümmter Schweißnahtverlauf eingesetzt, kann die Restfestigkeit auf das Grundwerkstoffniveau angehoben werden. Am Rissverlauf sind dann auch die Gefügebereiche Grundwerkstoff und Wärmeeinflusszone integriert. Dieses Verhalten ist jedoch abhängig von der Wellenlänge des Nahtverlaufs bei konstanter Amplitude. Im Experiment tritt das beschriebene Verhalten bevorzugt bei einer kurzen Wellenlänge ($\lambda = 80$ mm) auf, während eine sehr lange Wellenlänge ($\lambda = 380$ mm) weiterhin ein Nahtversagen in der Schweißnaht aufweist. Dennoch bietet auch diese Variante eine höhere Restfestigkeit als die linear geschweißte Haut-Haut-Verbindung bedingt durch den verlängerten Risspfad und die kontinuierliche Umorientierung des Risses in der Schweißnaht.

Die Bewertung der Restfestigkeit laserstrahlgeschweißter dünnwandiger Strukturen ist aufgrund des Festigkeits-Undermatching, der Dehnungsbehinderung in der Schweißnaht und weiteren Faktoren schwierig. Mit der „SINTAP"-Prozedur steht ein ingenieurtechnisches Hilfsmittel zur Verfügung, um zum Beispiel konventionelle Schweißverbindungen hinsichtlich ihrer statischen Bauteilsicherheit im angerissenen Zustand zu bewerten. In der Arbeit wurde untersucht, ob diese Methode auch für laserstrahlgeschweißte Verbindungen mit angepasstem Sockel anwendbar ist. Dazu wurden die Festigkeitskennwerte des Grundwerkstoffs und die des Schweißgutes genutzt. Als Berechnungsvorschrift wurde die so genannte „Mismatchebene" ausgewählt, da der Festigkeitsunterschied zwischen Schweißgut und Grundwerkstoff größer als 10 % ist. Die Ergebnisse der Berechnung zeigen, dass für die untersuchten 760 mm breiten Proben keine ausreichende Bauteilsicherheit zu erwarten ist. Da dieses Ergebnis durch die Restfestigkeitsversuche bestätigt wird, kann die Anwendung der „SINTAP"-Prozedur zur Bewertung der untersuchten Schweißverbindungen empfohlen werden.

Aus den bisherigen Ergebnissen lässt sich ableiten, dass die mechanischen Eigenschaften und die Mikrostruktur der am Risspfad beteiligten Gefügebereiche großen Einfluss auf das Bauteilverhalten hat. Zeigen lässt sich das an dem Vergleich zwischen den in der Arbeit untersuchten laser- und rührreibgeschweißten Haut-Haut-Verbindungen. Härteverläufe quer zu der Schweißnaht weisen einen unterschiedlich ausgeprägten Härteabfall auf. Das heißt, bei der zu bewertenden Fügeverbindung ist unabhängig vom Verfahren mit einem Festigkeitsverlust zu rechnen. Ein feinkörniges Gefüge der rührreibgeschweißten Verbindung und die zu erwartenden besseren mechanischen Eigenschaften sind insbesondere bei der Schadenstoleranz von Vorteil, da sie einen höheren Widerstand gegen zyklische Rissausbreitung aufweisen und eine höhere Restfestigkeit besitzen.

Da die Mikrostruktur einer Laserstrahlschweißnaht nur in bestimmten Grenzen verändert werden kann, bietet sich die Nutzung spezieller Bauweisen zur Verbesserung des Bauteilverhaltens an. Ein Beispiel dafür ist eine laserstrahlgeschweißte Haut-Haut-Verbindung mit nachträglich aufgeklebtem Doppler. In der Arbeit wurde nachgewiesen, dass die zyklische Rissausbreitungsgeschwindigkeit einer solchen Probe deutlich geringer ist als die einer geschweißten Probe mit Sockel. Bei dieser Bauweise ist der fertigungstechnische Aufwand leicht erhöht, die dadurch entstehenden Kosten können durch die Einsparung des Bearbeitungsschrittes der Sockelfertigung abmindert werden. Ein anderer, auf die Bauweise bezogener Synergieeffekt ergibt sich durch die Kombination der Stringer-Haut- und der Haut-Haut-Verbindung. Bei dieser Bauweise wird über die Haut-Haut-Verbindung ein neuartiges Stringerprofil (Y-Stringer) mit getrenntem Stringerfuß geschweißt. Durch die Überbrückung der Haut-Haut-Verbindung wird bei zyklischer Belastung der Schweißnaht die Öffnungsbewegung der Rissufer stark eingeschränkt. Die Rissfortschrittsbewegung wird gegenüber einer Schweißnaht mit Sockel stark abgesenkt. Umsetzen ließe sich diese Bauweise, wenn zum Beispiel ein großes Panel aus parallel verlaufenden schmalen Hautblechstreifen zusammengesetzt wird und anschließend über der Haut-Haut-Verbindung die Stringer geschweißt werden.

Für den metallischen Flugzeugrumpf stehen mit den angewendeten Verfahren Laserstrahl- und Rührreibschweißen zwei effiziente Fertigungsmethoden für eine Längsschweißnaht zur Verfügung. Durch Nutzung der vorgestellten Konzepte, insbesondere für den laserbasierten Schweißprozess, kann eine Schweißverbindung der Legierung 6013 erzeugt werden, die eine hohe statische Belastbarkeit und eine gute Ermüdungsfestigkeit besitzt. Im Rahmen der durchgeführten Versuche wurde auch eine Reduzierung der Rissfortschrittsgeschwindigkeit aufgezeigt. Die Restfestigkeit der Proben mit Schweißverbindung konnte für den gekrümmten Schweißnahtverlauf auf das Niveau des Grundwerkstoffs angehoben werden. Eine linear ausgeführte Schweißnaht erreicht dieses Niveau nicht. Die Herausforderung besteht darin, die gefundenen Ergebnisse auch auf versteifte Strukturen anwenden zu können. Dazu notwendig sind Versuche an großen, versteiften Bauteilen.

Weiter zu diskutieren sind werkstofftechnische Möglichkeiten zur Verbesserung der Belastbarkeit von Schweißverbindungen. Durch den eingesetzten Hautwerkstoff und die verwendete Legierung des Schweißzusatzwerkstoffes werden die Schweißbarkeit und bei aushärtbaren Legierungen die Höhe des entstehenden Festigkeits-Undermatchings bestimmt. Da sich durch den Zusatzwerkstoff die Eigenschaften der Verbindung nur lokal, dass heißt vornehmlich im Schweißgut verändern lassen, ist die Aussicht auf Verbesserungen des Bauteilverhaltens begrenzt. Somit ist die Verwendung anderer Aluminium-Legierungen, die entweder ein sehr geringes oder kein Festigkeits-Undermatching aufweisen, zu favorisieren. Werkstofftechnisch die einfachste Art, die Schweißnaht hinsichtlich ihrer Eigenschaften auf den Grundwerkstoff abzustimmen, wäre die Nutzung naturharter Legierungen. Diese werden üblicherweise durch den Schweißprozess kaum in ihrer statischen Festigkeit eingeschränkt. In diesem Fall bleibt die Frage, ob ein Zähigkeitsabfall im Schweißgut infolge des schnellerstarrten Gefüges Einfluss auf das Rissfortschrittsverhalten hat. Zu erwarten ist eine verbesserte Schadenstoleranz im Vergleich zur Legierung 6013.

In den vergangenen Jahren entwickelten sich neben metallischen Strukturen neue faserverstärkte Werkstoffe. Diese Entwicklung wurde auch auf metallische Werkstoffe übertragen. Dabei wird das Aluminium durch ein Glasfaserlaminat verstärkt. Der schichtweise Aufbau von metallischen Folien und Faserlagen wird durch Klebstoff miteinander fixiert, zu so genanntem „fiber metal laminat". Der Vorteil für die mechanischen Eigenschaften wird durch die hochfesten Fasern erzeugt, die je nach Bauteil und Belastungssituation in ihrer Richtung angepasst werden können. Insbesondere die Schadenstoleranz des Materials profitiert von diesem Werkstoffaufbau. Auch die nichtmetallischen Faserverbundwerkstoffe weisen ein sehr gutes Eigenschaftsprofil auf. Sie besitzen eine enorm hohe Festigkeit in Faserrichtung, die den Metallen weit überlegen ist. Der gute Risswiderstand bei diesen

Werkstoffen entsteht durch die Fasern senkrecht zur Rissöffnung, die eine Trennung des Werkstoff behindern. Neben den durchaus großen Vorteilen der Verbundwerkstoffe, gegenüber metallischen Werkstoffen, ergibt sich ein Defizit in den entstehenden Kosten und der eingeschränkten Verarbeitbarkeit. Auch die Möglichkeit der Schadensinspektion und der Reparatur werden bisher als nicht ausreichend empfundenen. Schweißverfahren können für Faserverbundwerkstoffe nicht angewendet werden, weshalb auf zeit- und kostenintensive mechanische Fügeverfahren zurückgegriffen werden muss. Für zukünftige Anwendungen werden deshalb nicht allein die besten Werkstoffeigenschaften entscheidend sein, sondern die optimale Kombination aus Werkstoff- und Fertigungstechnik sowie die dafür entstehenden Kosten.

Die am weitesten erforschte Bauweise ist der Metallrumpf. Er ist insbesondere aufgrund der in den letzten Jahren erreichten Fortschritte bezüglich der verbesserten Werkstoffeigenschaften und neuer Bauweisen für zukünftige Anwendungen sehr gut geeignet. Seitens neuer Fertigungsverfahren wie dem Laserstrahlschweißen, dem Rührreibschweißen und dem Hochgeschwindigkeitsfräsen ist eine effiziente und kostengünstige Herstellung der Rumpfstruktur möglich. Eine verfahrensangepasste Bauteilauslegung und die damit erzielbare Verbesserung der Belastbarkeit, insbesondere bei der Schadenstoleranz, wie sie in dieser Arbeit beschrieben werden, sind die Voraussetzungen für zukünftige Anwendungen. Darüber hinaus ermöglichen metallische Rumpfstrukturen den Einsatz von verschiedenen Legierungen, die durch ihre angepassten Eigenschaften zu Multimaterialsystemen kombiniert werden können.

7 Zusammenfassung

Die vorliegende Arbeit leistet einen Beitrag zur Verbesserung der Belastbarkeit von Haut-Haut-Schweißverbindungen für metallische Integralrumpf-Strukturen. Sie besitzt damit starken Bezug zur aktuellen Situation auf dem Flugzeugmarkt. Dieser wird durch die Entwicklung von Langstreckenmodellen wie dem Airbus A380 und dem A350 geprägt. Daneben sind gerade absatzstärkere Modelle wie die Familie der Kurz- und Mittelstreckenflugzeuge (Airbus A320) in wirtschaftlich schwierigen Zeiten Zugpferde für Airbus. In dieser Flugzeugklasse sind neben einem geringen Gewicht, kurze Fertigungszeiten und reduzierte Kosten bestimmend für den Erfolg. Metallische Bauweisen sind unter diesen Randbedingungen durchaus geeignet, um mit neuen Konzepten und Fertigungsverfahren, zum Beispiel dem Laserstrahlschweißen und dafür optimierten Bauweisen, effektiv und nachhaltig technische Verbesserungen umzusetzen. Die lasergeschweißte integrale Bauweise ist eine gute Möglichkeit, dieser Zielsetzung näher zu kommen. So konnte bereits die laserstrahlgeschweißte Stringer-Haut-Verbindung für die Flugzeuge Airbus A 318, A340/600HGW und A380 erfolgreich in die Produktion überführt werden. Dies gibt den Ansporn, eine vollständig laserstrahlgeschweißte Integralstruktur weiter zu verfolgen und Neuerungen schrittweise für die Industrie bereitzustellen.

Das derzeitige Forschungsbestreben umfasst zwei Strukturbereiche, die T-Stoß- und die Haut-Haut-Verbindung. Letztere steht im Fokus dieser Arbeit, da sie zu der höchstbelasteten Fügeverbindung im Flugzeugrumpf zählt und zur generellen Bewertung des Verhaltens von Schweißverbindungen im Integralrumpf prädestiniert ist. Schwierigkeiten ergeben sich vor allem daraus, dass Schweißverbindungen aus den im Flugzeugbau verwendeten aushärtbaren Aluminiumlegierungen im Schweißgut eine geringere Festigkeit aufweisen als der umgebende Grundwerkstoff, das sogenannte Undermatching. Besonders anspruchsvoll ist die Verbesserung des Widerstandes gegen Ermüdungsrissausbreitung und die Erhöhung der Restfestigkeit angerissener laserstrahlgeschweißter Strukturen. Konkrete Lösungsvorschläge zur Verringerung der genannten Einschränkungen gibt es bisher weder für die Beseitigung des Undermatching in aushärtbaren Aluminiumlegierungen noch für den Einsatz laserstrahlgeschweißter Haut-Haut-Verbindungen im metallischen Flugzeugrumpf.

An der in der Arbeit untersuchten aushärtbaren AlMgSiCu Legierung 6013 wurden die nach dem Laserstrahlschweißen vorliegenden mechanischen Eigenschaften der Längsnahtverbindungen grundlegend untersucht und ausgewertet sowie umfangreiche Detailuntersuchungen der einzelnen Gefügebereiche vorgenommen. Insbesondere für die Bewertung der Schmelzlinie wurde mit dem Scherversuch eine Prüfmethode vorgeschlagen, die es ermöglicht, über die standardmäßig genutzte Mikrohärtemessung hinaus, Aussagen zur Festigkeit der flächig ausgebildeten Grenzschicht zwischen Schweißgut und Wärmeeinflusszone zu ermitteln. Damit können die lokalen Festigkeitsunterschiede wie folgt beschrieben werden: Die Schmelzlinie besitzt vor dem Schweißgut und der Wärmeeinflusszone die geringste statische Festigkeit gegenüber dem Grundwerkstoff. Durch die Identifizierung kritischer Gefügezonen wird die Auswirkung der abgeminderten mechanischen Eigenschaften der Schweißnaht gegenüber dem Ausgangsgefüge analysiert. Dadurch steht für die Bewertung von Schweißverbindungen mittels numerischer oder analytischer Verfahren ein genaues Eigenschaftsprofil zur Verfügung. Es wird deutlich, dass für eine übergreifende Verbesserung der Eigenschaften, insbesondere der Schadenstoleranz von Haut-Haut-Verbindungen ein umfassender Ansatz verfolgt werden muss. Bestätigung findet diese Überzeugung durch die Erkenntnis, dass speziell angepasste Schweißzusatzwerkstoffe nicht den erwünschten Durchbruch bei der Verbesserung des gesamten Eigenschaftsprofils gebracht haben. Deshalb ist es Ziel der Arbeit, einen Beitrag zur Verbesserung der Belastbarkeit von Haut-Haut-Schweißverbindungen für metallische Integralrumpf-Strukturen zu leisten.

Als eine werkstofftechnische Methode zur Erhöhung der statischen Festigkeit aller Gefügebereiche intakter Schweißverbindungen bewährt sich die Warmauslagerung bei 190°C für 4 h. Für die Haut-Haut-Schweißverbindung ist dieser Festigkeitszustand jedoch ungeeignet, da die Duktilität und die Zähigkeit zu stark reduziert werden. Dies belegen die Ergebnisse aus dem statischen Zugversuch, mit deutlich reduzierter Bruchdehnung im ausgelagerten Zustand und aus der zyklischen Rissausbreitung, mit deutlich erhöhter Rissfortschrittsgeschwindigkeit im ausgelagerten Zustand. Somit ist für den Schweißprozess die Nutzung bereits ausgelagerter Bleche ohne nachfolgende Wärmebehandlung zu empfehlen.

Haut-Haut-Verbindungen im geschweißten Zustand müssen strukturmechanisch so abgesichert werden, dass sowohl die statische als auch die Schwingfestigkeit und die Schadenstoleranz erfüllt werden. Im Rahmen der Arbeit konnte gezeigt werden, dass durch die entwickelten Konzepte „angepasster Schweißnahtsockel" und „gekrümmter Schweißnahtverlauf", Möglichkeiten geschaffen wurden, mit denen die Haut-Haut-Verbindung das Schadenstoleranzniveau des Grundwerkstoffs erreichen kann. Mit der vorgestellten Sinuskontur wurde ein Schweißnahtverlauf erzeugt, bei dem der Rissfortschritt festkörpermechanisch erzwungen nicht mehr ausschließlich im Schweißgut erfolgt, sondern alle Gefügebereiche der Schweißverbindung (Grundwerkstoff, Wärmeeinflusszone, Schmelzlinie und Schweißgut) beteiligt sind. Für eine Skalierbarkeit der Ergebnisse zu ist berücksichtigen, dass die vorgestellten Versuche an unversteiften Proben durchgeführt wurden. Das Schadenstoleranzverhalten von Strukturen mit höherem Versteifungsgrad ist nicht unmittelbar mit dem der durchgeführten Versuche zu vergleichen.

Der Gewichtsvorteil für den Sockelbereich gegenüber genieteten Längsverbindungen liegt bei maximal 22 %. Fertigungstechnisch ist die Haut-Haut-Verbindung bei Einsatz geeigneter Maschinenkonzepte auf bestehenden Laserschweißanlagen realisierbar, sollte jedoch mit einem großen Demonstratorbauteil bestätigt werden.

Anwendbar sind die entwickelten und vorgeschlagenen Methoden zur Verbesserung der Belastbarkeit von Schweißverbindungen auch auf das mechanische Rührreibschweißen. Es konnte gezeigt werden, dass insbesondere bei Nutzung des Sinus-Schweißnahtverlaufs in Kombination mit einem Schweißnahtsockel sowohl laserstrahlgeschweißte als auch rührreibgeschweißte Haut-Haut-Verbindungen die Schadenstoleranz des Grundwerkstoffs erreichen. Somit konnte die Belastbarkeit der untersuchten Schweißverbindungen deutlich erhöht werden. Durch den Nachweis der verbesserten Restfestigkeiten und der verringerten Rissfortschrittsgeschwindigkeiten gegenüber dem Ausgangszustand sowie dem im Vergleich zum Nieten verringerten Strukturgewicht wird ein Design- und Fertigungskonzept möglich, das eine geschweißte Integralbauweise erlaubt.

8 Literatur

[1] Achternbosch, M., Bräutigam, K.-R., Kupsch, C., Reßler, B., Sardemann, G.; „Analyse der Umweltauswirkungen bei der Herstellung, dem Einsatz und der Entsorgung von CFK- bzw. Aluminiumrumpfkomponenten"; Forschungszentrum Karlsruhe GmbH, ISSN 0947-8620

[2] Neye, G.; „Laserstrahlschweißkonzept für Rumpfschalen-Strukturen"; Strahltechnik, Band 5, Bremen, BIAS Verlag, 1997, Hrsg.: G. Sepold, W. Jüptner, ISBN: 3-9805011-5-9

[3] Rendigs, K.-H.; "Aluminium structures used in aerospace – status and prospects"; Materials Science Forum, 242, S. 11 bis 24, 1997

[4] Palm, F.; „Fügetechnik im Airbus A380"; Schweißen und Schneiden, Große Schweißtechnische Tagung des DVS, Aachen, S. 260 bis 265, 20. bis 22. September, 2006

[5] Gegner, J.; „Klebtechnik – multifunktionales Fügen für den nachhaltigen Werkstoffeinsatz im 21. Jahrhundert"; Materialwissenschaft und Werkstofftechnik, Volume 39, Ausgabe 1, S. 33 bis 44, 2008

[6] Eritt, J.; „Laserstrahlschweißen hochfester Aluminiumlegierungen im Flugzeugbau"; VDI-Zeitschrift, Band 137, Heft 6, S. 34 bis 38, 1995

[7] Pettit, R.G., Wang, J.J., Toh, C.; „Validated feasibility study of integrally stiffened metallic fuselage panels for reducing manufacturing costs"; NASA Bericht CR-200-209342, May 2000

[8] Dünkel, V.; „Tragfähigkeit von Schraubenverbindungen unter Querbelastung Kraftschluss und Formschluss"; VDI-Berichte, Band 1426, S. 41 bis 55, VDI-Verlag, Düsseldorf, 1998

[9] Hoffer, K.; „Moderne Nietverbindungen im Flugzeugbau"; Aluminium, Band 63, Heft 12, S. 1251 bis 1255, 1987

[10] Kocik, R., Vugrin, T., Seefeld, T.; „Laserstrahlschweißen im Flugzeugbau: Stand und zukünftige Anwendungen"; 5. Laser-Anwenderforum, Bremen, 13.-14.09.2006

[11] Rendigs, K.H.; „Neue integrale Rumpfbauweisen"; DLR Werkstoff-Kolloquium ‚97; „Geschweißte Aluminium-Leichtbauweisen", S. 29 bis 34; 11.12.1997

[12] Schumacher, J.; „Erfahrungen bei der Serieneinführung für das Laserstrahlschweißen im Flugzeugbau"; 4th Laseranwenderforum, BIAS-Verlag Bremen, 2002, Strahltechnik Vol. 19

[13] Handbuch Struktur Berechnung, 1999, Ausgabe A

[14] Brenneis, H., Zink, W.; „Laserstrahlschweißen – eine Technologieanwendung in der zivilen Luftfahrtindustrie"; Dresdner Leichtbausymposium, Innovationsquelle Leichtbau, Fakten – Trends – Visionen, 15. bis 17. Juni 2000, Dresden

[15] Tempus, G.; „New aluminium alloys and fuselage structures in aircraft design"; Materials Day "Werkstoffe für Transport und Verkehr"; 18th of May 2001; ETH Zürich, Schweiz

[16] Palm, F.; „Can welded fuselage structures fulfil future A/C damage tolerance requirements"; 1st International Conference on Damage Tolerance of Aircraft Structures, TU Delft, The Netherlands, 2005

[17] Broden, G.; „Die deutsche Luftfahrtforschung: Partner im globalen Wettbewerb; innovativer Metall Rumpf (IMER)"; Förderkennzeichen BMBF 20W0302A. – Verbund-Nr. 01023954, 2008

[18] Heider, P., Sepold, G.; „Laserstrahlschweißen – eine perspektivische Fügetechnologie für den Flugzeugbau"; DVS-Berichte, Band 154, S. 62 bis 67, 1993, Düsseldorf, Verlag für Schweißen und verwandte Verfahren, DVS-Verlag

[19] Zschech, E.; „Metallkundliche Prozesse bei der Wärmebehandlung aushärtbarer Aluminiumlegierungen"; Härterei-Technische Mitteilungen – HTM, Band 51, Heft 5, S. 137 bis 144, 1996

[20] Meyer, B.; „Metallkundliche und röntgendiffraktometrische Untersuchungen an laserstrahlgeschweißten AlMgSi(Cu) Legierungen"; Mensch und Buch Verlag, Berlin, 2000, Universität Bremen, ISBN 3-89820-165-1

[21] Vollertsen, F., Schumacher, J., Schneider, K., Seefeld, T.; „Innovative Welding Strategies for the Manufacture of Large Aircrafts"; Welding in the world, Vol. 48, Special Issue, International Conference, Osaka, Japan, July 2004

[22] Zink, W.; "Welding Fuselage shells"; Industrial Laser Solutions, April 2001, S. 7 bis 10, www.industrial–lasers.com

[23] Ferstl, S., Heimerdinger, Ch., Kretschmar, T., Lang, R., Meister, H., Müller-Hummel, P.; „Laserstrahlschweißen von Strukturkomponenten im Flugzeugbau bei EADS Militärflugzeuge"; DVS Band 229, Schweißen und Löten im Luft- und Raumfahrzeugbau, 12. und 13. Mai, S. 25 bis 30, 2004

[24] Liebscher, J.; „Automatisiertes Clipschweißen an Flugzeugrumpf-Panel"; Fraunhofer IWS Jahresbericht 2007, S. 36.;

[25] Dittrich, D., Brenner, B., Winderlich, B., Beyer, E., Hackius, J.; „Progress in laser beam welding of aircraft fuselage panel"; proceedings of 27th ICALEO, Temecula, USA, Paper #1804, 2008

[26] Ischenko, A. Ya.; „High-strength aluminium alloys for welded structures in the aircraft industry"; Welding International, Volume 19, No. 3, 2005, S. 1 bis 12

[27] Lenczowski, B., Pfannenmüller, T., Koch, U.; „Neue Aluminiumlegierungen für die Luftfahrt"; Aluminium, Band 73, Jahrgang 1997, Heft 5, S. 350 bis 356

[28] Ilyshenko, R., Krüger, U., Winkel, H.-J.; „Fusion welding of light weight high-strength aluminium-lithium alloys"; DVS-Berichte, Band 154, S. 53 bis 57, 1993

[29] Gradinger, R., Schneider, R., Palm, F.; „2nd Generation of AlMgSc Materials dedicated for short manufacturing chains in the aerospace industry"; VDI-Berichte, Nr. 2008, 1st EUCOMAS Conference, Berlin, S. 63 bis 76, 2008

[30] Schürmann, H.; „Konstruieren mit Faser-Kunststoff-Verbunden"; Springer-Verlag Berlin Heidelberg, 2005

[31] Engmann, K. u. a.; „Technologie des Flugzeuges"; Darmstadt, Leuchtturmverlag Darmstadt, 1994

[32] Kaden, M.; „Repair concepts for carbon fibre reinforcement thermoplastics";3rd EUCOMAS Conference, VDI Verlag GmbH, Berlin, 2010

[33] Schneider, K., Schumacher, J.; „Lasertechnologie – Ein Schlüssel im Wettbewerb der modernen Strukturtechnologien im zivilen Flugzeugbau"; Stahltechnik, Band 19, Laserstrahlfügen, Bremen, BIAS Verlag, 1997 Hrsg.: G. Sepold, T. Seefeld

[34] Reßler, B., Achternbosch, M., Bräutigam, K.-R., Kupsch, C., Sardemann, G.; „Stoffstromanalysen zum Einsatz von carbonfaserverstärkten Kunststoffen im Flugzeugbau"; Technikfolgenabschätzung, Theorie und Praxis, Nr. 1, Jahrgang 11, 2002

[35] Borchard-Tuch, C.; „Neue Werkstoffe für den Airbus A380"; Chemie in Unserer Zeit, Band 40, Heft 6, S. 407 bis 409, Wiley-VCH Verlag GmbH & Co. KGaA Weinheim, 2006

[36] Röthlein, B.; „Zuverlässig geklebt ist gut geflogen"; Fraunhofer Magazin, Ausgabe 2, S. 58 bis 59, 2007

[37] Wilmes, H., Herrmann, A.S., Kolesnikov, B., Kröber, I.; „Festigkeitsanalyse von Bolzenverbindungen für CFK-Beuteile mit dem Ziel der Erstellung von Dimensionierungsrichtlinien"; Forschungsbericht

[38] Kolesnikov, B., Herbeck, L., Fink, A.; „CFRP/Titanium Hybrid Material for Improving Composite Bolted Joints"; Composite Structures, Issue 83, 2008, S. 368 bis 380

[39] Kolesnikov, B., Herbeck, L., Fink, A.; "Fortschrittliche Verbindungstechniken von Faserverbundstrukturen"; Institut für Strukturmechanik des Deutschen Zentrums für Luft- und Raumfahrt e.V, Braunschweig

[40] Wendt, A., Weiß, K.; „Gießsimulation für Magnesium-Leichtbauteile in der Flugzeugindustrie"; Virtual Materials Processing, Bayreuth, 2004

[41] Hale, J.; "Boeing 787 from the Ground Up"; www.boeing.com/commercial/aeromagazine/articles/qtr_4_06/index.html

[42] Berchtold, G.; „CFC Infusion Technology – the Future for Commercial CFC Fuselages?"; VDI-Berichte, Nr. 2008, 1st EUCOMAS Conference, Berlin, S. 5 bis 17, 2008

[43] Tober, G., Schmidt, H.J.; „Fehlertoleranz-Konzepte in der Luftfahrt"; Querschnittsseminar 1998 2.-3. Nov. Berlin

[44] Goranson, U.G.; „Fatigue Issues in Aircraft Maintenance and Repairs"; International Journal of Fatigue, Volume 20, Issue 6, S. 413 bis 431, 1997

[45] Collins, R.A.; „Ensuring the Continued Structural Airworthiness of the Airbus A300 Commercial Transport Aircraft"; Journal of Strain Analysis, Volume, 34, Issue 6, S. 413 bis 422, 1999

[46] Wolf, K.; „Vorlesungsmanuskript, Luftfahrtkonstruktion II"; Technische Universität Dresden, Fakultät Maschinenwesen, Institut für Luft- und Raumfahrttechnik, 2004

[47] JAA-FAA; „Damage Tolerance and Fatigue Evaluation of Structures"; JAR 25.571, 1998

[48] Schmidt-Brandecker, B.; Fatigue and Damage Tolerance – Regulations and Requirements"; Vorlesungsskript der Technischen Universität Hamburg-Harburg sowie der Technischen Universität Delft; October 2004; HJB.Schmidt@t-online.de

[49] Pacchione, M., Werner, S., Ohrloff, N.; „Design principles for damage tolerant butt welded joints for application in the pressurized fuselage"; 24th ICAF Symposium, Naples, Italy, 16. – 18. May, 2007

[50] Herbeck, L., Schrader, E., Becker, H.W., Mühlmann, H.-C., Bitter, H.; „Die Stabilität der Rippen eines CFK-Außenflügels am Beispiel des Airbus-Megaliners"; DGLR Jahrbuch 2000 Band I+II, S. 1 bis 10, Deutsche Gesellschaft für Luft- und Raumfahrt (DGLR), ISSN 0070-4083, 2000

[51] Theilig, H., Nickel, J.; „Spannungsintensitätsfaktoren"; VEB Fachbuchverlag Leipzig, 1987, ISBN 3-343-00243-7

[52] Broek, D.; „The Practical Use of Fracture Mechanics"; Springer-Verlag GmbH; 2. Auflage; 1977

[53] Loher, U.; „Schwingfestigkeit von Verbindungen"; Grundlagen der Betriebsfestigkeit, Seminar, EMPA, 1997, S. 1 bis 37

[54] Ghidini, T.; „Fatigue Life Predictions of Friction Stir Welded Joints by Using Fracture Mechanics Methods"; Dissertation, Fortschr.-Ber. VDI Reihe 18, Nr. 304, Düsseldorf, VDI Verlag 2006, ISBN 3-18-330418-X

[55] Lachmann, E., Oberparleiter, W., Schäfer, R.; „Die Schwingfestigkeit von Nietverbindungen des Flugzeugbaus in korrosiver Umgebung"; DVM-Bericht, Band 120, S. 215 bis 226, 1994

[56] Singh. R., Park, J.H., Atluri, S.N.; "Growth of multiple cracks and their linkup in a fuselage lap joint"; AIAA Journal, Band 32, Heft 11, S. 2260 bis 2268, 1994

[57] Zerbst, U., Hübner, P.; „Bruchmechanische Bewertung von Fehlern in Schweißverbindungen"; Merkblatt DVS 2401, August 2004, Fachbuchreihe Schweißtechnik, Band 101, ISBN 3-87155-213-5

[58] Brenner, B., Winderlich, B., Standfuß, J., Schumacher, J., Brenneis, H., Zink, W.; „Leichtbau-Strukturbauteil insbesondere für Flugzeuge und Verfahren zu seiner Herstellung"; DE 10301445B4, 2004

[59] Brenner, B., Standfuss, J., Dittrich, D., Liebscher, J., Hackius, J.; „Laser beam welding of aircraft fuselage panel"; proceedings of 27th ICALEO, Temecula, USA, Paper #1801, 2008

[60] Schmidt, H-J.; „Strukturbauteil für ein Flugzeug"; Offenlegungsschrift DE 10031510 A1

[61] Sander, M.; „Einfluss variabler Belastungen auf das Ermüdungsrisswachstum in Bauteilen und Strukturen"; Fortschr.-Ber. VDI Reihe 18 Nr. 287, Düsseldorf, VDI Verlag 2003, ISBN 3-18-328718-8

[62] Uz, M.-V., Kocak, M., Lemaitre, F., Ehrström, J.-C., Kempa, S., Bron, F.; „Improvement of damage tolerance of laser beam welded stiffened panels for airframe via local engineering"; International Journal of Fatigue, Band 31, S. 916 bis 926, 2009

[63] Blumenauer, H., Pusch, G.; „Technische Bruchmechanik"; 3., stark überarbeitete Auflage, Leipzig, Deutscher Verlag für Grundstoffindustrie, 1993, ISBN 3-342-00659-5

[64] Schulze, G., Krafka, H., Neumann, P.; „Schweißtechnik: Werkstoffe – Konstruieren – Prüfen"; 2., überarbeitete Auflage, Düsseldorf, VDI-Verlag, S. 596 bis 616, 1996, ISBN 3-18-401584-X

[65] Schwalbe, K.-H.; „Bruchmechanik metallischer Werkstoffe"; Carl Hanser Verlag München Wien, 1980, ISBN 3-446-12983-9

[66] Radaj, D.; „Ermüdungsfestigkeit"; Springer Verlag Berlin, 1995, ISBN 3-540-58348-3

[67] Zerbst, U., Vormwald, M., Schödel, M.,; „Ermüdungsrissausbreitung"; DVM-Bericht 673, „Werkstoffkennwerte: Basis für Bauteilauslegung und Simulation", S. 155 bis 178, 2006

[68] Hübner, P., Zerbst, U.; „Einfluss von Festigkeits-Mismatch auf die bruchmechanische Bewertung von Schweißverbindungen"; DVM-Tagung 37, „Technische Sicherheit, Zuverlässigkeit und Lebensdauer" 2006, S. 7 bis 23

[69] Zerbst, U., Hübner, P.; „Festigkeit gefügter Bauteile"; DVS-Berichte Band 236, S. 43 bis 49, 2005, ISBN: 978-3-87155-694-4

[70] Schwalbe, K.-H., Zerbst, U.; „Bruchmechanische Kennwerte bei geringer Dehnungsbehinderung"; MP Materialprüfung, Jahrgang 44, 2002, Ausgabe 7-8, Carl Hanser Verlag, München, S. 307 bis 312

[71] Vaidya, W.V., Kocak, M., Seib, E.; „Mechanical behavior of laser beam and friction stir welded aluminium alloys for airframes"; Proceedings of the IIW International Conference, Osaka, Japan, 15.-16. Juli 2004

[72] Seib, E., Kocak, M., Assler, H.; „Bruchmechanische Bewertung von geschweißtem Aluminium aus dem Flugzeugbau mit Hilfe der SINTAP Prozedur"; 36. DVM Tagung, Arbeitskreis Bruchvorgänge, 17.-18.02.2004, DLR Köln,

[73] Seib, E., Kocak, M., Assler, H.; „Structural integrity assessment of welded aerospace aluminium alloy using SINTAP route"; Materialprüfung, Jahrgang 46, S. 556-564, Carl Hanser Verlag, München, 2004

[74] Seib, E., Kocak, M., Assler, H.; „Fracture assessment of welded aerospace aluminium alloys using SINTAP route"; Welding in the World, Vol. 48, No. 11/12, S. 30 bis 36, 2004

[75] Schwalbe, K.-H.; „Effect of Weld Metal Mis-Match on Toughness Requirements: Some Simple Analytical Considerations using the Engineering Treatment Model (ETM)"; International Journal of Fracture 56, S. 257 bis 277, 1992

[76] Seib, E.; „Residual strength analysis of laser beam and friction stir welded aluminium panels for aerospace applications"; Dissertation, GKSS-Forschungszentrum Geesthacht GmbH, 2006, ISSN: 0344-9629

[77] Vaida, W.V., Horstmann, M., Seib, E., Toksoy, K., Kocak, M.; „Assessment of Fracture and Fatigue Crack Propagation of Laser Beam and Friction Stir Welded Aluminium and Magnesium Alloys"; Advanced Engineering Materials, 2006; 8; Nr. 5; S. 399 bis 406; Wiley-VCH Verlag GmbH & Co. KGaA, Weinheim

[78] Zerbst, U., Kocak, M., Hübner, P.; „Bruchmechanische Bewertung von Schweißverbindungen"; Bruchmechanik, Jahrgang 44, 2002, Ausgabe 9, Carl Hanser Verlag, München, S. 333 bis 357

[79] Hübner, P., Zerbst, U., Pyttel, B. Hodulak, I., Dehne, G.; „Das überarbeitete DVS-Merkblatt 2401, Bruchmechanische Bewertung von Fehlern in Schweißverbindungen"; DVM-Bericht 237, „Technische Sicherheit, Zuverlässigkeit und Lebensdauer", S. 237 bis 284, 2005

[80] Schwalbe, K.-H., Heerens, J., Zerbst, U., Risarski, H., Kocak, M.; „EFAM GTP 02 – The GKSS Test Procedure for Determining the Fracture Behaviour of Materials"; GKSS-Forschungszentrum Geesthacht GmbH, 2002, Geesthacht

[81] Zerbst, U., Brocks, W., Herrens, J., Schödel, M, Schneider, I., Steglich, D., Seib, E., Cornec, A., Schwalbe, K.-H.; „Failure Assessment Concepts for Thin-Walled Structures Containing Crack-like Defects"; Helholtz-Gemeinschaft Deutscher Großforschungszentren (HGF), GKSS Geesthacht

[82] Brocks, W., Schwalbe, K.-H., Zerbst, U.; „Structural Intergity Assessment of Thin-Walled Structures"; Advanced Engineering materials, Volume 8, Issue 5, S. 319 bis 326, 2006

[83] Winderlich, B., Zwick, A., Jahn, A., Dittrich, D., Brenner, B., Luft, A., Trümper, S., Fessenmayer, W., Wedel, B., Kretzschmar, F., Imhoff, R., „Laserstrahlschweißen für den Leichtbau"; Report (2006) S. 1 bis 134, Stuttgart: Fraunhofer IRB, Report-Nr. FKZ 02PP2520 bis 2525

[84] Roland, F., Seyffarth, P.; "A Strategic View of Implementing Laser Beam Welding for European Shipbuilding"; Congress Proceedings, Wiliamsburg, SAIL 2003

[85] Rath, W.; "Laser welding of powertrain components - status of a well established technique"; New Materials & Development Processes; Global Powertrain Congress, Proceedings, Band 11, S. 46 bis 49; 1999, Stuttgart

[86] Heider, P.; „Lasergerechte Konstruktion und lasergerechte Fertigungsmittel zum Schweißen großformatiger Aluminium-Strukturbauteile"; Fortschritt-Berichte, VDI Verlag, Reihe 2: Fertigungstechnik, Nr. 326

[87] Hrsg. Herold, H., Wodara, J.; „Lexikon der Schweißtechnik"; Dt. Verl. Für Schweißtechnik, DVS-Verl., 1994, 1. Aufl. – Düsseldorf

[88] DIN EN ISO 13919-2; „Elektronenstrahl- und Laserstrahl-Schweißverbindungen"; DIN Deutsches Institut für Normung e.V., Berlin, Stand Dezember 2001

[89] Lutze, P.; „Gasgehalt und Schweißeignung von Aluminium-Druckguss"; Dissertation, TU Braunschweig, 1989

[90] Schulze, G.; „Die Metallurgie des Schweißens"; Springer-Verlag Berlin Heidelberg New York, 3. neubearbeitete und erweiterte Auflage, 2004, ISBN 3-540-20649-3

[91] Schoer, H.; „Schweißen und Hartlöten von Aluminiumwerkstoffen"; Fachbuchreihe Schweißtechnik, Verlag für Schweißen und Verwandte Verfahren, DVS-Verlag, 1998, ISBN 3-87155-177-5

[92] Bachhofer, A.; „Schneiden und Schweißen von Aluminiumwerkstoffen mit Festkörperlasern für den Karosseriebau"; Dissertation, Universität Stuttgart, 2000, Herbert Utz Verlag GmbH

[93] Hackius, J.; „Laserstrahl-Hybridschweißen von Aluminiumlegierungen"; Dissertation, TU Dresden, 2003, Fraunhofer IRB Verlag, Stuttgart, ISBN 3-8167-6334-0

[94] Maier, Ch.; „Laserstrahl-Lichtbogen-Hybridschweißen von Aluminiumwerkstoffen", Dissertation, RWTH Aachen, Shaker Verlag, 1999

[95] Göbel, G.; „Erweiterung der Prozessgrenzen beim Laserstrahlschweißen heißrissgefährdeter Werkstoffe"; Dissertation, TU Dresden, 2008, Fraunhofer IRB Verlag, Stuttgart, ISBN

[96] Liu, W., Tian, X., Zhang, X.; „Preventing Weld Hot Cracking by Synchronous Rolling during Welding"; Welding Research Supplement, September 1996, S. 297-s bis 304-s

[97] Beck, M., Berger, P., Hügel, H.; „The effect of plasma formation on beam focusing in deep penetration welding with CO_2 lasers"; Journal of Physics D: Applied Physics, Band 28, Heft 12, S. 2430 bis 2442, 1995

[98] Beyer, E.; „Schweißen mit dem Laser – Grundlagen"; Springer-Verlag Berlin Heidelberg New York, 1995, ISBN 3-540-52674-9

[99] Berkmanns, J.; „Steigerung der Prozessstabilität beim Laserstrahlschweißen von Aluminiumwerkstoffen mit Strahlleistungen bis 6 kW und Tragverhalten der Verbindungen"; Dissertation, RWTH Aachen, Shaker Verlag, 1998

[100] Rapp, J.; „Laserschweißeignung von Aluminiumwerkstoffen für Anwendungen im Leichtbau"; Dissertation, IFSW Stuttgart, Teubner Verlag 1996, ISBN 3-519-06226-7

[101] Beck, M.; „Modellierung des Lasertiefschweißens"; Forschungsbericht, Universität Stuttgart, B-G. Teubner Stuttgart, 1996, ISBN 3-519-06218-6

[102] Thomas, W.M., Nicholas, E.D., Needham, J.C., Church, M.G., Templesmith, P., Dawes, C.J.; "Friction stir butt Welding"; International Patent Application No. GB 9125978.8, 1991

[103] Lohwasser, D.; „Friction stir welding industrial applications worldwide"; DVS-Berichte, Band 229, S. 5 bis 9, 2004

[104] Sheikhi, S., dos Santos, J.F.; „Effect of Process Parameter on Mechanical Properties of Friction Stir Welded Tailored Blanks from Aluminium Alloy 6181-T4"; Science and Technology of Welding and Joining, Volume 12, Issue 4, S. 370 bis 375, 2007

[105] Simar, A., Pardoen, T., de Meester, B.; „Effect of Rotational Material Flow on Temperature Distribution in Friction Stir Welds"; Science and Technology of Welding and Joining, Volume 12, Issue 4, S. 324 bis 333, 2007

[106] Christner, B.; „Development and testing of friction stir welding (FSW) as a joining method for primary aircraft structure"; ICAS 2002 Congress, Toronto Canada, 2002, www.icas.org

[107] Mishra, R. S., Mahoney, M.W.; „Friction Stir Welding and Processing"; ASM International, 2007, ISBN 0-871-70840-X, 360 Seiten

[108] Deloison, D., Marie, F., Guerin, B., Aliaga, D.; „Multi-Physics Modelling of Bobbin-Tool Friction Stir Welding – Applications to a latest generation aluminium alloy"; VDI-Berichte, Nr. 2008, 1st EUCOMAS Conference, Berlin, S. 203 bis 215, 2008

[109] Threadgill, P.L.; „Terminology in friction stir welding"; Science and Technology of Welding and Joining, Volume 12, Issue 4, S. 357 bis 360, 2007

[110] Otsuka, D., Sakai, Y.; „Selfreacting Pin Tool Application for Railway Car Body Assembly"; 7th International Friction Stir Welding Symposium, 20-22 May, 2008, Awji Island, Japan

[111] Marie, F., Guerin, B., Deloison, D., Aligaga, D., Desrayaud, C.; „Contribution to the Understanding of the Bobbin Tool Friction Stir Welding Process for Aluminium Thin Sheets"; 7th International Friction Stir Welding Symposium, 20-22 May, 2008, Awji Island, Japan

[112] Marie, F., Allenhaux, D., Esmiller, B.; „Development of the Bobbin Tool technique on Various Aluminium Alloys"; 5th International Symposium on Friction Stir Welding, 14. – 16. September 2004, Metz; Frankreich

[113] Soron, M.; „Friction Stir Welding of High-Strength Aluminium alloys using an industrial robot system: A feasibility study"; 7th International Friction Stir Welding Symposium, 20-22 May, 2008, Awji Island, Japan

[114] Völlner, G., Silvanus, J., Kellenberger, O.; „Potentiale des robotergestützten Rührreibschweißens am Beispiel der Luftfahrt"; Schweißen und Schneiden, Band 59, Heft 9, S. 482 bis 487, 2007

[115] Ream, S. L.; „Laser Welding efficiency and cost: CO_2, YAG, Fiber and Disc"; Proceedings of the 23rd International Congress on Applications of Lasers and Electro-Optics 2004

[116] Brenner, B., Göbel, G., Dittrich, D., Schedewy, R., Standfuß, J.; „New effects in welding of light weight alloys and steel with fiber lasers"; 1st International Fraunhofer Workshop on Fiber Lasers, 22. November, 2005, Fraunhofer Institute Dresden, IWS

[117] Gapontsev, V., Shcherbakov, E., Thieme, J.; „Industrial High Power Fiber Laser Systems"; 2nd International Fraunhofer Workshop on Fiber Lasers, 5.-6. July, 2006, Fraunhofer Institute Dresden, IWS

[118] Weberpals, J., Deininger, Ch., Dausinger, F.; „Anwendungspotential stark fokussierender Laser"; Stuttgarter Lasertage, September 2005, Wiley-VCN Verlag, ISBN 3-527-40553-4

[119] Göbel, G., Brenner, B., Beyer, E.; „New Application Possibilities for Fiber Laser Welding"; ICALEO 2007, 26th International Congress on Applications of Laser & Electro-Optics, Congress proceedings, 29.10.-1.11.2007, Orlando Florida, USA

[120] Job, M.; „Air Disaster"; Volume 2, Australian Aviation, S.158, 1996, ISBN 1-875671-19-6

[121] Dorn, L.; „Schweißverhalten von Aluminium und seinen Legierungen"; Materialwissenschaft und Werkstofftechnik 29, S. 412 bis 423, 1998, Wiley-VCH Verlag GmbH, Weinheim

[122] Sotirov, N., Keßler, O., Hoffmann, F., Mayr, P., Zwoch, H.-W.; „Thermische Nachbehandlung der laserstrahlgeschweißten Al-Legierungen AlSi1MgMn und AlCu4Mg1"; Materialwissenschaft und Werkstofftechnik 35, S. 5 bis 12, 2005,Wiley-VCH Verlag GmbH & Co. KGaA, Weinheim

[123] Sotirov, N.; „Nachwärmebehandlung der laserstrahlgeschweißten Aluminiumlegierungen AlSi1MgMn und AlCu4Mg1"; Forschungsberichte aus der Stiftung Institut für Werkstofftechnik IWT; Dissertation; Shaker Verlag; 2009; ISBN 978-3-8322-8063-5

[124] Fritsch, M.; „Untersuchungen zum statischen und zyklischen Festigkeitsverhalten von Laserstrahlschweißverbindungen aus Aluminium-Luftfahrtlegierungen"; Diplomarbeit; TU Dresden, Fakultät Maschinenwesen, 2003

[125] Meyer, B.C., Lectard, E., Serrano, N., Zschech, E., Hirsch, T., Mayr, P.; „Laserstrahlschweißen der AlMgSiCu-Legierung 6013"; Härterei-Technische Mitteilungen – HTM, Band 52, Heft 5, S. 291 bis 297, 1997

[126] Schwalbe, K.-H., Kocak, M.; „Mis-Matching of Interfaces and Welds – Performance of Strength Mis-Matched Welded or Bonded Joint"; Second International Symposium, GKSS Forschungszentrum, Geesthacht, 1997

[127] Kocak, M., Knaack, J., Schwalbe, K.-H.; "Fracture behaviour of undermatched weld joints"; Proceedings of the 9th International conference of offshore mechanics and arctic engineering, S. 453 bis 459, 1990

[128] Dudas, J.H., Collins, F.R.; "Preventing Weld Cracks in High-Strength Aluminium Alloys"; Welding Research Supplement, Juni 1966, S. 241-s bis 249-s

[129] Müller-Busse, A.; „Über die Schweißrissigkeit von Aluminiumwerkstoffen"; Aluminium, Band 30, Jahrgang 1954, Heft 6, S. 240 bis 250

[130] Anderson, T.; „How to avoid Cracking in Aluminium Alloys"; Welding Journal, September 2005, S. 25 bis 27

[131] Buschenhenke, F., Seefeld, T., Schulz, A., Vollertsen, F.; „Hot cracking during welding of aluminium alloy using spray formed filler wire with high silicon content"; Proceedings of the 4th WLT-Conference on Lasers in Manufacturing 2007, Munich, AT-Fachverlag GmbH; Stuttgart; 2007

[132] Brenner, B., Standfuß, J., Fux, V., Winderlich, B., Schedewy, R., Fritsch, M., Hennig, J., Liebscher, J., „Entwicklung bandförmiger Schweißzusatzwerkstoffe"; Forschungsbericht im Auftrag der Airbus Deutschland GmbH, Luftfahrtforschungsprogramm III, bearbeitet am Fraunhofer IWS Dresden, 2003

[133] Brenner, B., Standfuß J., Morgenthal, L., Dittrich, D., Fux, V., Winderlich, B., Brenneis, H., Zink, W., Hackius, J., Held, J., Schwabe, W.; „Neue technologische Aspekte des Laserstrahlschweißens von Flugzeugstrukturen"; DVS-Berichte, Band 229 (2004) Seite 19-24

[134] Janosch, J.J., Koneczny, H., Debiez, S., Statnikov, E.C., Troufiakov, V.J., Mikhee, P.P.; „Improvement of fatigue strength in welded joints (in HSS and in aluminium alloys) by ultrasonic hammer peening"; Welding in the world, Band 37, 1996, Heft 2, S. 72 bis 83

[135] Dittrich, D., Hackius, J., Brenner, B., Winderlich, B., Standfuss, J.; „Metallisches Flugzeugbauteil"; Patent, EP 1 902 812 A1

[136] Benitz K.; Richard, H.A.; „Eine Bruchmechanikprobe und Belastungsvorrichtung zur Bestimmung von Risszähigkeiten bei überlagerter Normal- und Schubbelastung"; Zeitschrift f. Werkstofftechnik, Band 12, Seite 297-300, 1981, Verlag Chemie GmbH, D-6940, Weinheim

[137] Theilig, H.; „Katalog der Spannungsintensitätsfaktoren"; Wissenschaftliche Berichte der Ingenieurhochschule Zittau, Nr. 265, März 1978, Sektion Kraftwerksanlagen und Energieumwandlung, IHZ-K-78-265

[138] Hrsg. Murakami, Y.; „Stress Intensity Factors handbook"; Volume 3, The Society of Materials Science, Japan, Pergamon Press, 1987

[139] Brenner, B., Standfuß, J., Morgenthal, L., Dittrich, D., Fux, V., Winderlich, B., Brenneis, H., Zink, W., Hackius, J., Held, J., Schwabe, W.; „Neue technologische Aspekte des Laserstrahlschweißens von Flugzeugstrukturen"; DVS-Berichte 229, Düsseldorf, 2004, S. 19-24; ISNB: 3-87155-688-2

9 Bild- und Tabellenverzeichnis

Bildverzeichnis

Tabellenverzeichnis